井户美枝
大江英树

著

宋丽鑫 译

如何拥有富有的老年

定年男子　定年女子
45 歳から始める「金持ち老後」入門！

担心"晚年破产"的你，
要在 45 岁之前懂得这些事

月收入多少才能抵销"晚年赤字"？
生病和护理的开销有多少？
退休时需要有多少存款？
不会投资怎么办？
……

 人民日报出版社
北　京

图书在版编目（ＣＩＰ）数据

如何拥有富有的老年 / (日) 大江英树, (日) 井户
美枝著 ; 宋丽鑫译著. -- 北京 : 人民日报出版社,
2021.1
ISBN 978-7-5115-6538-9

Ⅰ.①如… Ⅱ.①大… ②井… ③宋… Ⅲ.①老年人
—财务管理 Ⅳ.①TS976.15
中国版本图书馆CIP数据核字(2020)第172586号

TEINEN DANSHI TEINEN JOSHI 45 SAI KARA HAJIMERU KANEMOCHI ROGO NYUMON! by Hideki Oe,
Mie Ido.
Copyright © 2017 by Hideki Oe, Mie Ido. All rights reserved.
Originally published in Japan by Nikkei Business Publications, Inc.
Simplified Chinese Translation Rights arranged with Nikkei Business Publications, Inc. through East West Culture &
Media Co., Ltd.
著作权合同登记号：01-2020-7254

书　　名：如何拥有富有的老年
　　　　　RUHE YONGYOU FUYOUDE LAONIAN
作　　者：〔日〕大江英树　〔日〕井户美枝　著　　宋丽鑫　译著

出 版 人：刘华新
责任编辑：袁兆英　杨冬絮　刘晴晴　刘　悦
封面设计：邢海燕

出版发行： 人民日报 出版社
社　　址：北京金台西路2号
邮政编码：100733
发行热线：（010）65369509　65369527　65369846　65369512
邮购热线：（010）65369530　65363527
编辑热线：（010）65363105
网　　址：www.peopledailypress.com
经　　销：新华书店
印　　刷：大厂回族自治县彩虹印刷有限公司
法律顾问：北京科宇律师事务所 010-83622312

开　　本：880mm×1230mm　1/32
字　　数：101千字
印　　张：5.25
版次印次：2021年1月第1版　　2021年1月第1次印刷

书　　号：ISBN 978-7-5115-6538-9
定　　价：39.00元

目 录
Contents

你是富有的老年人，还是贫穷的老年人？测一测就知道

你是富有的老年人还是贫穷的老年人？

20 道检测题

回答下列问题，并在与自己相符的项目前的□内打钩√

——— 生活检测 ———

□ 有很多老相识，但你们的关系只是互赠贺年卡而已

□ 认为父母子女兄弟间应相互依靠

□ 还是和同事一起玩耍的时候最开心

□ 因为在社交媒体①上有许多朋友，所以认为自己的
人脉很广

□ 在公司中属于出人头地的一方

□ 在思考要不要退休后成为自治会②之类的工作人员

□ 很节省却总是攒不下钱

□ 在电车上看到空座会不自觉地抢座

□ 希望退休后不用工作，可以悠闲地做些喜欢的事情

□ 为了和谐的 or 幸福的晚年生活，希望夫妻拥有共
同的爱好

经济专栏作家
原证券人士
大江英树（65岁）

判定晚年不安程度　　　　　　　　（打钩数）

0~2　看起来不管是在精神层面还是在社会层面你都
能过上非常富足的生活。

3~5　过度信赖他人或对他人毫不关心都会导致朋友
变少，变得孤独。开始努力找到自己的位置、
独立起来吧。

6~10　这样下去很可能度过寂寞的晚年。必须更加积
极地参加活动，珍惜友人。

从大手证券公司退休后自立门户。以资产运用、企业养老金、适合中老年的生活计划等为主题进行写作，并举办研讨会。

① 如微博、微信、脸书和 SNS 等

② 地区居民为自主运营社会生活而建立的组织

井户美枝（58岁）

精通养老金等社会保险劳务专员，丈夫也已退休

作为理财规划师也很活跃。熟知养老金制度，担任厚生劳动省[1]社会保障审议会企业年金部会委员。

钱财检测

- ☐ 国家养老保险不靠谱，所以参加了个人养老保险
- ☐ 关于钱财的事情最好是和可以信赖的人商量
- ☐ 喜欢促销等实惠的信息
- ☐ 生命保险很重要，充分参保
- ☐ 害怕证券公司，但是放心银行
- ☐ 经常为了"奖励自己"而买东西
- ☐ 几乎没有利用公司为职员准备的生命保险或储蓄制度等
- ☐ 认为股票所得利益为非劳务所得
- ☐ 在家积极地关灯、二次利用洗澡水等，勤勤恳恳地致力于节俭
- ☐ 看了养老金定期通知书也不知所措，所以根本不看

判定晚年不安程度　　　　　　　　　（打钩数）

0~2　完全健康。完全没有对晚年资金的不安。

3~5　容易乱花钱或用错误的方法管理支出。请尝试重新考虑一次。

6~10　这样继续下去可能会成为贫穷的老年人。现在开始也不晚，请好好学习关于金钱的知识。

解决办法
从下一页开始！

---

① 厚生劳动省，日本主管医疗、福利、保险和劳动等行政事务的中央行政机关。

写给担心『晚年破产』的你

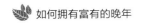

我退休的时候，只有 150 万日元

大江英树

　　虽然我现在奔波忙碌于讲演或写作等事情，但是我原本也只是一名普通的工薪阶层，从毕业到退休都在同一家证券公司上班，也没有特别出众。五年前我60岁的时候，在一个微不足道的管理岗位上迎来了退休。

　　我在工作的最后十年里偏离了精英路线，从事与企业退休金相关的工作。我曾经有许多机会向即将迎来退休的公司职员讲述如何安排晚年的生活，但是那时还在上班的我认为，晚年的不安大多是因为金钱，而且作为一名证券公司的职员，我的工作就是销售金融产品，所以我常把"自己努力准备晚年=购买投资信托"挂在嘴边。但是，等到我自己退休后却发现，这句关于晚年理所当然的话，并不是完全正确的。

以前是人生 50 年，如今是人生 90 年！

●平均寿命逐年递增

平均寿命为
男 80.8 岁、女 87.1 岁

年份	男	女
1947 年	50.1 岁	54.0 岁
1955 年	63.6 岁	67.8 岁
1965 年	67.7 岁	72.9 岁
1975 年	71.7 岁	76.9 岁
1985 年	74.8 岁	80.5 岁
1990 年	75.9 岁	81.9 岁
2001 年	78.1 岁	84.9 岁
2015 年	80.8 岁	87.1 岁

●主流年龄的平均余寿*

从平均余寿的角度来看，
寿命显得更长

年龄	男	女
40 岁	41.8 岁	47.7 岁
50 岁	32.4 岁	38.1 岁
60 岁	23.6 岁	28.8 岁
70 岁	15.6 岁	19.9 岁
80 岁	8.9 岁	11.8 岁
90 岁	4.4 岁	5.7 岁

现在 60 岁的人中，
男人还能活 24 年，
女人还能活 29 年。

出处：厚生劳动省"平成 27 年（2015 年）
简易生命表"。只有 2001 年的数据出于平成
25 年版的"简易生命表"。

* 平均余寿是指，各年龄层的人平均还能活多
少年。数值全部四舍五入到小数点后 1 位。

□ "没有 3000 万日元就会晚年破产" 是谎言

我发现，传言"若退休时没有3000万~4000万日元①，晚年就会破产"是不正确的。**实际上，我退休的时候只有150万日元存款。**我的两个女儿从中学到大学读的都是私立学校，高中时代又分别去了美国和澳大利亚留学，我想她们的教育费要比普通学生的教育费贵很多。再加上父亲做生意失败，我代他还钱，那时候是真的没有钱了。

也许你不相信，但事实就是，那时的我并没有过多地担心晚年。当然，大前提是我能拿到退休金、企业养老金以及公共养老金②。另外，**我从退休前两年开始自己制作家庭收支簿，掌握一个月大概的生活费**也起到了非常重要的作用！

我身为工薪阶层的最后十年，是在养老金营业部门工作的，因此了解到：一个有家产，并且已经还完房贷的公司职员，是不会这么轻易破产的——**虽然不能过得豪华奢侈，但温饱还是没有问题的。**所以我当时的想法是，退休后停止一切工作，以兴趣为

---

① 1 日元约为 0.065 元人民币。

② 公共养老金：日本的养老金制度由三层构成。第一层是国民养老金，又被称为基础养老金，第二层是福利养老金和共济养老金制度。以上几种养老金统称公共养老金。

主，边做喜欢的事情边享受余生。

□ 重要的是"今日去"和"今日事"

但是，临近退休时，我的想法又有了些许变化：每天只做与兴趣爱好相关的事情是不是也很无聊？还是稍稍工作一下更好，不仅可以使精神和肉体都保持健康，还可以为收入锦上添花，生活得更富足一些。大家都在说"晚年不安"，但是我忽然意识到，如果晚年会感到不安，那么就不要踏入晚年好了。我转而又想，人是从停止工作的时候开始步入晚年的，所以还是尽可能地延长工作年限更好。

之后回想起来，我觉得这个想法真的是太正确了。事实上，当我真正退休后亲身体会到的是：退休后最必要的事情是"今日去"和"今日事"。可不是教育和教养哦①。"今天，你有去"的地方吗，和"今天，你有事"做吗，才是最重要的。换言之，是否有自己的"位置"，才是决定你能否过上幸福晚年生活的关键性因素。

---

① 日语原文中今天去和教育的发音相同，今天事和教养的发音相同。

□ 老了以后最恐怖的事情是变得"孤独"

一般来说，晚年的三大不安指的是"健康""金钱""孤独"。其中最为严重，甚至其余两项无法与之相提并论的问题就是：退休后会沾染上"孤独"这种东西。

健康和金钱是非常重要的东西，任谁都能立刻理解。但是人们在退休前每天都去公司上班，是不会陷入孤独的。有很多人在意健康和金钱，却几乎没有人担心并预防孤独。因此，有许多人退休后不得不承受着孤独感的袭击，忧郁地度过晚年。

退休后最重要的事情：
今天，你有去的地方吗
今天，你有事做吗

为了避免这种情况，我认为最好是从40岁，最晚50岁开始为此着手准备。这是我自身深刻体会并反省出的忠告。

如前文所述，**我在临近退休时仍是决心退休后不工作的，所以说实话我准备得相当迟了**。实际上，我决定退休后继续工作时——不是继续受雇于企业，而是自立门户做喜欢的工作——距离退休当日只有半年左右的时间了。

□ 没有容身之处的返聘时代

　　结果时间不容我多想，我还是被原公司返聘成了一名合同工。工资较退休前大幅减少，复印文件要自己去取，杂活儿也做得开开心心。其实做这些事情一点也不辛苦，令人**难受的是自己对自己的工作没有决定权**。我喜欢与人交谈，又有公认的交涉能力，却因为不是正式员工，导致如若没有上司的批准，我则连一项申诉都不能处理。**那里，不是我的用武之地。**

　　我在那里待不下去了，半年后便辞职了。从自立门户到成为研讨会讲师并走上正轨，我用了大概一年时间。在此期间，我甚至有完全没有收入的时候。我偶尔会想，**如果我从更早些时候开始准备的话，就不用如此辛苦才能走到今天这般地步了。**

　　此外，退休后的生活费没有我预想的多，但也帮了我很大的忙。因为我改掉了一些在职期间觉得理所当然的生活习惯，所以减轻了相当一部分经济负担。因此，即便没有收入，我也没有受到那么大影响。

　　那么我们应该如何预防每个人都在担心的晚年钱财问题和非常重要的晚年孤独问题呢？在本书中，我希望同养老金与社会保险的专家井户美枝女士一起，根据自身的经验，逐个击破关于退休男、退休女在工作、金钱、健康、家庭、生活方式等方面的问题。

晚年的三大不安

 健康

 金钱

 孤独

对于"退休男"来说

最严重的问题是"孤独"

理财专家初次体验"养老金生活"

井户美枝

　　我今年58岁。我的丈夫63岁，原来是公务员。他60岁退休，也找到了可以做到65岁的工作，但是由于他本人的愿望是"更想去冒险旅行"，所以他辞掉了工作。

　　在丈夫退休前，我还为两个人将24小时都在一起生活而感到**不安**；但是退休后，所幸丈夫喜欢冒险经常出去旅行，而我作为理财规划师及社会保险劳务专员还要工作，所以我们得以维持了不远不近的关系。我担心的情况至今还没有发生。

　　另一个预料之外的事情是**固定工资不是每个月都入账所带来的打击**。养老金只有偶数月入账，即两个月入账一次。当然，这对于社会保险劳务专员来说是常识中的常识，我自然清楚。只是长年以来，我都是按每个月都有收入来规划家庭收支的，一时无法改变习惯，所以总是规划不好。身为理财专家这么说很难为情，但是我也会在**有养老金入账的偶数月花费过多，等到奇数月又开启节约模式**……

　　由于丈夫今年才63岁，养老金还没有达到满额，所以我们每个月还要消耗10万日元的积蓄来贴补生活费——这是退休前就十分清楚，并在预料之中的事情。虽说如此，但月复一月，存款余额都会减少10万日元还是带来了无法言喻的压迫感。

我真切地感受到，如果每个月都能有几万日元的固定收入，心境应该会完全不同吧。退休后积蓄变少是必然的，但是哪怕只有一点点，也希望变少的速度能更缓慢一些。就像大江先生所写的那样，我也认为退休后继续工作能够解决夫妻关系、晚年钱财等各种令退休女担心的问题。

□ 大多数女性最后都成了"单身贵族"

许多书籍和杂志都探讨了关于退休后的生活和金钱等方面的话题，但是似乎都是从男性的视角来看待问题的。确实，一直工作到退休的大多是男性，但是**退休后，即60岁以后，女性的平均余寿要比男性的更长**。

丈夫先去世的案例更多一些，所以**无论结婚还是没结婚，大多数女性在人生的最后都成了"单身贵族"**。"退休女"中的退休，不仅指在公司上班的女性迎来的退休时刻，也指迎来退休老公的家庭主妇。退休不仅指退休时刻，也指晚年的生活方式。

由于人类的寿命变长了，所以女性的生活方式也发生了很大的变化。丈夫引退①后"女性的'退休人生'"在大正时代②是5年左右，在平成时代③则已达到23年。请参见下一页的表格。

大正时代，大多数女性的"工作"是守护家庭、教育孩子。平均每个女性要生养、教育5个孩子，然后在第一个孙子出生约10年后，也是丈夫引退5年后、去世约4年后迎来死亡。

如今平成时代的女性的人生发生了翻天覆地的变化。如下页的表格所示，孩子结婚、孙子出生后，他们的人生还能持续25年——丈夫死后还有8年，丈夫引退后还有23年时光。

□ 假设女性的人生分为 4 个阶段

2015年（平成27年）女性的平均寿命为87岁，但是据预测，每两名60岁的女性中就有一个人能活到89.9岁，每五个人中就有一个人能活到96.9岁④。每个人的实际寿命以平均寿命为基准却又各不相同，但是应该有许多人能活到80岁甚至100岁左右。也就是说，现在40~50岁的人，假设自己能活到100岁才是上策。

---

① 本书中的"引退"不仅指退休，更是指彻底不再工作了。
② 大正时代，指 1912—1926 年日本大正天皇在位时期。
③ 平成时代，指 1989—2019 年日本明仁天皇在位时期。
④ 根据厚生劳动省"简易生命表"计算。

与90年前相比，女性的人生发生了很大的变化

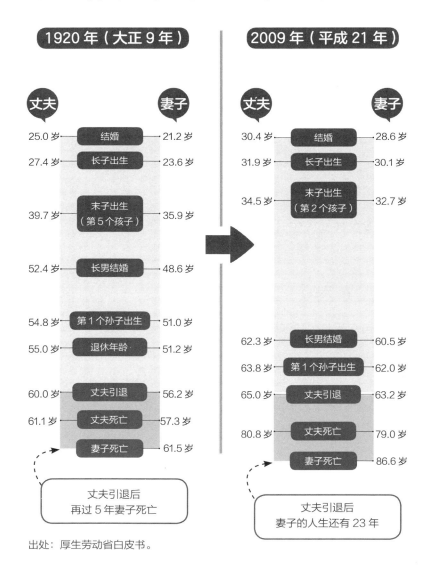

	1920年（大正9年）			**2009年（平成21年）**	
丈夫		**妻子**	**丈夫**		**妻子**
25.0岁	结婚	21.2岁	30.4岁	结婚	28.6岁
27.4岁	长子出生	23.6岁	31.9岁	长子出生	30.1岁
39.7岁	末子出生（第5个孩子）	35.9岁	34.5岁	末子出生（第2个孩子）	32.7岁
52.4岁	长男结婚	48.6岁			
54.8岁	第1个孙子出生	51.0岁	62.3岁	长男结婚	60.5岁
55.0岁	退休年龄	51.2岁	63.8岁	第1个孙子出生	62.0岁
60.0岁	丈夫引退	56.2岁	65.0岁	丈夫引退	63.2岁
61.1岁	丈夫死亡	57.3岁	80.8岁	丈夫死亡	79.0岁
	妻子死亡	61.5岁		妻子死亡	86.6岁

丈夫引退后
再过5年妻子死亡

丈夫引退后
妻子的人生还有23年

出处：厚生劳动省白皮书。

因此，我将女性的100年人生分成4个阶段。最初的25年是"成长时期"。接下来的25年是结婚组建家庭、拼搏事业的"全速运转人生的时期"。50岁之后的25年，有孩子的人已经完成了对孩子的教育，重心也从家庭再次回到个人，是可以畅想退休后人生的"黄金时期"。这期间也是去挑战那些因为教育孩子、被公司的工作紧逼而想做没能做的事情的最佳时期，可谓人生最珍贵的时期。再下一个25年，即75岁之后的人生，是守护晚辈成长发展的"余生时期"。长寿之人有一个特权——他们可以享受新时代的变化。

□ 平均寿命与健康寿命的差值，男性为 9 年，女性为 12 年

女性应该如何度过退休后的时光？擅长和钱打交道才是活出自己、守护自由的必备智慧。

就像前文提到的那样，我希望女性务必要做好这样的心理准备：无论你是结婚还是没结婚，最后都很可能成为"单身贵族"。

假设人生 100 年分为 4 个阶段

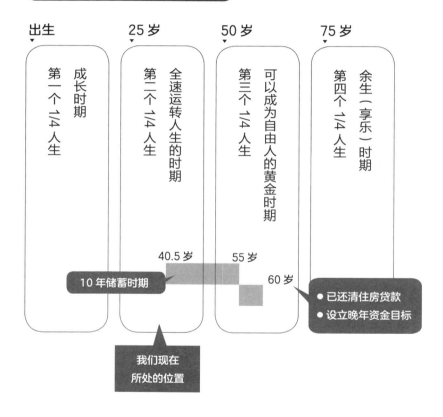

● 40 岁到 90 岁的女性人生图

出生	25 岁	50 岁	75 岁
成长时期 第一个 1/4 人生	全速运转人生的时期 第二个 1/4 人生	可以成为自由人的黄金时期 第三个 1/4 人生	余生（享乐）时期 第四个 1/4 人生

40.5 岁　　55 岁

10 年储蓄时期

60 岁

● 已还清住房贷款
● 设立晚年资金目标

我们现在所处的位置

出处: 井户美枝著《职场女性的理财计划》（时事通信社）。

　　平均寿命与健康寿命的差值，男性约为9年，女性约为12年。请参见下一页的表格。

　　所谓健康寿命，是指WHO（世界卫生组织）发表的尚可生活自理的年龄。也就是说，不论是男性还是女性，都有十年左右的时间需要在别人的护理下生活。而不管她结婚与否，**女性都极有可能在人生最后的时间里过着既不健康又孤独的生活**。到那个时候，**果然还是金钱靠得住**。疾病、护理等许多事情都可以用金钱解决，这是我身为社会保险劳务专员的深切感受。虽然不必过于担心钱财，但是也不能放任这种担忧不管，还是要有所准备的。

　　从现在开始，我希望同大江先生一起，在这本书中为大家消除退休后的担忧。

平均寿命与健康寿命存在差值

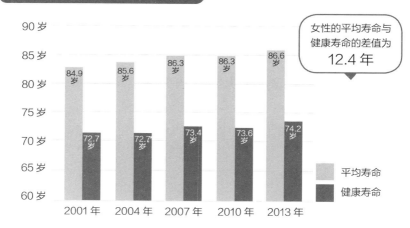

● **女性的平均寿命与健康寿命**

女性的平均寿命与
健康寿命的差值为
12.4 年

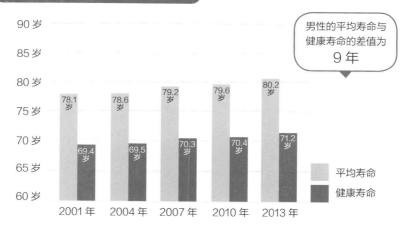

● **男性的平均寿命与健康寿命**

男性的平均寿命与
健康寿命的差值为
9 年

出处：2014 年 厚生劳动省厚生科学审议会 / 健康日本 21（第二次）推进专门委员会

* 四舍五入到小数点后 1 位。

第1章

要成为『富有的老年人』必须清楚三件事

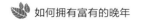

掌握晚年钱财的"出"和"入"

大江英树

□ 担忧退休后钱财的原因是"三个不知道"

大家都非常担忧晚年的钱财问题吧？不管问谁，几乎没有人会说他不担心晚年的钱财问题。但是一说到有没有考虑什么对策，实际上大家又根本没有做任何事情。虽然感到"不安"，但是又"毫不关心"，就任由不安继续在那里不安。

美国第32任总统罗斯福说过的名言中有这样一句："我们唯一需要恐惧的，只有恐惧本身。"造成不安的最大原因是"不知道"。也就是说，只要我们了解了不安的实质，便不会再不安了。所以，我们到底担心晚年钱财的什么问题呢？我一项一项地整理了出来。

关于晚年的钱财问题，第一个"不知道"是"晚年生活需要花费多少钱"，第二个"不知道"是晚年的收入（退休金）——不知道到底能领取多少退休金；于是导致了第三个"不知道"——不知道晚年应该有多少储蓄。但是这三个问题，我都相当了解哦。

你究竟不知道什么事情

● **关于退休后的资金，有三件"不知道的事情"。**

① 晚年的生活费

> 我需要花多少钱？
> 不知道

② 晚年的收入（退休金）

> 我能领取多少退休金？
> 不知道

③ 晚年的储蓄

> 有多少钱我才不必担心？
> 不知道

□ 关于"晚年必要的金额"，极为理所当然的事情

经常听人说晚年的生活费必须有1亿日元才够。也有人说如果退休时没有4000万日元晚年将破产。但是我在前文也写到了——退休的时候只有150万日元。你看，我挺到今天也没有破产啊！

晚年生活需要1亿日元！ 其实这句话亦真亦假。可能有人会说："你说的这是什么鬼话！"我这么说，是因为晚年生活到底需要多少钱，**取决于你的生活方式。**

根据生命保险文化中心的说法，如果夫妇两人想过富裕的晚年生活，则每个月的生活费需达35万日元。一年就是420万日元，十年就是4200万日元。假设夫妇两人都是从65岁退休活到90岁，则25年合计需要1亿500万日元。这么算的话，晚年需要1亿日元生活费的说法还勉强说得过去。

但是，如果每个月的生活费不需要35万日元，只需要25万日元的话呢？那么一年就是300万日元，仍按夫妇两人退休后生活25年来算，25年合计7500万日元。再退一步，如果每个月只需要20万日元的情况呢？6000万日元足矣。

反过来，也有人觉得35万日元不够，想过每个月50万日元的奢华生活吧。那样的话，晚年的生活费就需要1亿5000万日元了。也就是说，**一个人晚年所需的生活费是随着这个人每个月的花销**

多少而变化的。仔细一想，这是极为理所当然的事情吧。但是一开始思考"晚年必须有多少生活费"的话题，大家就不自觉地一概而论了。这一点必须纠正。

除了日常的生活费，也有其他地方需要用钱。例如兴趣爱好呀、旅行呀、出去吃饭呀等为了享受人生而产生的费用。这些费用也不能统一定论吧。因为有需要花钱的兴趣爱好，也有不需要花钱的兴趣爱好。再者，还有所谓的临时支出——修缮住宅、筹备子女结婚等，这些都是根据需求不同，而需要具体问题具体分析的事情。

所以，比起为"富裕的晚年必须有1亿日元"这种话黯然伤神，不如自己计算一下自己到底需要多少钱。这不可能？不，这是可能的。

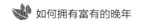

退休前后分别制作家庭支出簿观察

● 在职时期与退休后，大江家的家庭支出变化

一个月的生活费（夫妇二人）

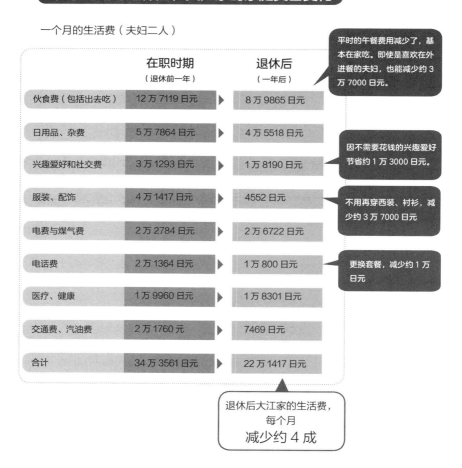

	在职时期 （退休前一年）		退休后 （一年后）
伙食费（包括出去吃）	12 万 7119 日元	▶	8 万 9865 日元
日用品、杂费	5 万 7864 日元	▶	4 万 5518 日元
兴趣爱好和社交费	3 万 1293 日元	▶	1 万 8190 日元
服装、配饰	4 万 1417 日元	▶	4552 日元
电费与煤气费	2 万 2784 日元	▶	2 万 6722 日元
电话费	2 万 1364 日元	▶	1 万 800 日元
医疗、健康	1 万 9960 日元	▶	1 万 8301 日元
交通费、汽油费	2 万 1760 元	▶	7469 日元
合计	34 万 3561 日元	▶	22 万 1417 日元

平时的午餐费用减少了，基本在家吃。即使是喜欢在外进餐的夫妇，也能减少约 3 万 7000 日元。

因不需要花钱的兴趣爱好节省约 1 万 3000 日元。

不用再穿西装、衬衫，减少约 3 万 7000 日元

更换套餐，减少约 1 万日元

退休后大江家的生活费，每个月
减少约 4 成

□ 公开我如今 65 岁的生活费明细

实际上我退休后的亲身体会是，晚年的生活费"并没有想象的那么多"。我这么说，必然会有人吐槽我"因人而异吧"。既然如此，我必须要推荐给大家一个极为简单又实用的方法——**制作家庭收支簿，了解当下的生活费情况**。零碎的支出请忽略不计。

我家从退休前两年到退休后一年，合计三年的时间里，制作家庭收支簿的方法都是在一个家庭收支簿软件上分别记录夫妻二人的消费，以此确认支出的增减变化。结果便是，夫妇二人共同生活的生活费从在职时期的每个月约34万日元变成退休后的**约22万日元，减少了约4成**。前一页的表格，便是退休后生活费的变化。

每个月的生活费中花费最多的是伙食费，约9万日元。因为是两个人一起使用，所以实际可能节省得更多。与在职的最后一年相比骤减的费用有三项：服装费、伙食费、兴趣爱好和社交费。因为不用再穿西服、衬衫，而且平时的午餐费也变少了。而电话费，也因配合着生活上的变化更换了套餐，所以减少了大概一半。

顺便提一下，我们家现在已经不制作家庭收支簿了。退休前后的三年里，我们根据家庭收支簿——虽然并不是分毫不差——已经将支出的倾向与金额印在脑海里了，所以我们会在脑海里做好安排，让支出不超出基本预算。**我建议，只在临退休前到刚退休不久的这段时间里养成制作家庭收支簿的习惯。**

就算这么说，还是会有人嫌弃制作家庭收支簿太麻烦了吧。对于这类人，可以采用根据净收入计算生活费的方法。我们在第26页，将方法分成了三个步骤，接下来介绍给大家。

首先，请根据工资明细确认一年期间的净收入是多少。然后，除去公司预扣的款项不看，从净收入中减去这一年里自己偿还了多少贷款，买了多少昂贵的物品，以及存款。将得到的数额除以12，便得到一个月的生活费了。

知道了在职期间的生活费后，便可以据此推断晚年的生活费了。退休后是希望花费差不多的金额呢，还是希望减少花销呢？虽然因为生活发生了变化，有些项目会自然而然地减少，但是我**有意希望削减的是前面提到过的电话费、保险费以及与车相关的花费。**孩子已经独立了，所以我解除了在我死亡的情况下能得到巨额保险费的生命保险，将保险费降到最低限额；并将在郊外生存所必需的车也换成了保养费较低的轻自动型；还重新调整了所有关于公司的贺年卡。只要**抛弃华而不实的需求，全力紧缩家庭支出**，晚年的生活费能压低到比在职时期少很多。

另外，我执行的规则里有这样一条："婚礼尽量不去参加，葬礼尽量都去参加"。你也许会疑惑：不出席庆祝的场合是什么道理。年轻的时候我浑然不觉，但是到了这个年纪，我发现除了特别亲近的人或亲戚，其他人邀请我去参加结婚典礼的情况少了许多。偶尔也会有自己上班时候的部下等人邀请我，但是那几乎都是出于礼义。既然人家是礼义，我自然也是礼义。

相反，葬礼是另外一回事。略为年长一些的前辈和同龄人的葬礼越来越多，因为大多是已经从公司退休的人士，所以举行葬礼的时候，几乎没有多少人来参加，很是寂寥。从我自身的经验而谈，作为家属，非常感激那些前来露面的人的心意。随着年龄的增长，我意识到**最重要的事情是人与人之间的羁绊。既然如此，更要参加葬礼，不是吗？**

从金钱的角度考虑也是如此，为出于礼义的婚礼出手大方，不能说是合情合理的吧。因此，即使收到了婚礼的邀请函，我也会尽量找个理由不去参加。如果给这招取个名字的话，应该叫"割舍紧缩法"。就算是这样的方法，也能控制资金流出。

但是，到此为止的推算全部都是"生活费"，还不包括身患重大疾病或者需要看护时所必要的资金。这些资金应与生活费分开，并且必须提前知道大概需要花费多少钱。关于这些费用，社会保险劳务专员井户女士将在第3章为大家做详细说明。

不用家庭收支簿！每月生活费的计算方法

① 计算出 1 年期间的收入

> 每月净收入 × 12 个月 + 净值奖金
> = 1 年期间的收入

② 从年收入中减去大额支出、存款

> 1 年期间的收入 −
> ┌ 1 年期间的贷款总额
> │ 过去 1 年期间里购买的大额商品
> └ 1 年期间的存款总额

③ 除以 12，得出 1 个月的平均值

> 1 年期间的生活费 ÷ 12 个月 = 1 个月的生活费

□ 60 岁以后的人生中，我们能收入多少钱？

第二个不知道的事情，是晚年的收入。首先，**我们能拿到多少公共养老金呢？**

公共养老金的金额，取决于这个人在职时期的工资和工作年限，而且个体经营者和公司职员并不相同。例如一对夫妇，丈夫是在职时期领取平均工资——每个月36万日元的公司职员，妻子是全职主妇，则他们从65岁到90岁能够领取的公共养老金合计约为6750万日元。在此基础上，公司职员还有退休金（也有一些公司发放的是企业养老金①）。据称龙头企业平均约为1000万日元，大型企业平均约为2000万日元。两者加起来，就是60岁以后不再继续工作也能得到的金额。

因为不再继续工作也能得到的金额因人而异，所以若想知道自己能得到多少公共养老金，一个可靠的方法是看"养老金定期通知书"。

---

① 日本的养老金制度由三层构成。前面已介绍过前两层，企业养老金是日本养老金制度的第三层。企业养老金有很多不同种类。

□ 从"出"与"入"的角度看有多少钱才能安心

如此一来，看过"晚年的生活费"和"晚年的收入（养老金）"后，关于晚年钱财的第三个"不知道"——"不知道为了晚年应该储蓄多少钱"也有了眉目——只要思考比较"出"与"入"即可。

例如之前举的例子，从65岁到90岁能够领取的公共养老金合计为6750万日元。在此基础上加上退休金的金额就是"入"。相反，右侧是"出"。这边也如先前计算的那样，假设夫妇二人都是从65岁退休活到90岁，共25年，每个月25万日元，则仅生活费就为7500万日元。

分别预算出"出"与"入"后，就能知道多少钱才够花，也能准备对策了。当然，前文已经强调过，这只是生活费而已，除此之外的兴趣爱好费、娱乐费等自我价值实现费，根据情况需要的修葺费等临时支出费用，甚至护理、疾病等费用都需要另外考虑。但是至少，**每日生活需要花费多少资金，有多少钱才可以平衡收支等问题已经有了着落**。请不要再只是漠然地说着担心晚年了，从掌握需要花费多少钱，能收入多少钱开始，迈出第一步吧！

□ "收支"比"收入"更重要

将晚年的"出"与"入"可视化，其实在职时期的生活也是这样的——运作一个健全的家庭收支系统必须具备的能力是"谋求收入，抑制支出"。

首先是"谋求收入"，即退休后在身体还健康的时候继续工作，我认为这才是最强大的挣钱方法。实际上，这也是解决晚年各种不安的最重要的方法，让我们在第2章慢慢道来。

其次是"抑制支出"。不管挣多少钱，如果你花的比挣的多，永远也存不到钱。所以收支比收入的金额多少更重要。我在工作期间认识的熟人中，有一个年收入1000万日元却一直为钱困扰的人，和一个年收入只有300万日元，却生活得很富裕的人。将工资的一部分先存起来，再用剩余的钱生活——学会这样一条非常基本的资金规则是非常重要的。

退休后尽可能地延长工作年限，并且花销不大于收入。我认为只要能遵照这两条建议，退休后就不会那么不安、忧虑了。

晚年的 收入

晚年的 支出

夫妇二人到 90 岁
时能够领取的公共
养老金的合计金额

6750 万日元

○ ➡ 6000 万日元

日常生活费
每个月的生活标准
为 20 万日元

如果退休金为
1000 万日元

7750 万日元

○ ➡ 7500 万日元

日常生活费
每个月的生活标准
为 25 万日元

如果退休金为
2000 万日元

8750 万日元

✕ ➡ 1 亿 500 万日元

日常生活费
每个月 35 万日元
的奢华生活

□ 不擅长投资的话不投资也可以

实际上，攒钱的方法只有3种：工作挣钱、不乱花存钱、投资增值。选择你擅长的方法就可以了。顺便说一句，我喜欢工作，所以选择老老实实地工作挣钱。

我作为一个长年在证券公司上班、不停劝人投资的人这样说有点儿尴尬，但是不擅长投资的话其实不投资也可以。更确切的说法是，我绝对不建议到了快退休的年纪突然开始投资。经常听到金融机构的人这么说吧："40岁开始每个月投入5万日元，持续投资20年到60岁退休吧。每个月5万日元1年就是60万日元，20年就是1200万日元，假设投资的复利为每年3%，则可以增值到1642万日元呢。不可以小觑复利的力量哦。"

但是，这种算法怎么看都觉得奇怪。定期存款、国债等形式的利息是固定的，所以按每年3%的复利计算增值是成立的，但是投资信托、股票的价格是变动的，一年能涨10%，一年也能降15%，所以我认为设想3%的复利是强词夺理。虽然计算结果不假，但是大前提就不现实。

我们来看看每个月只靠5万日元的存款能增值几何。假设利率为0，则20年后的累积存款为1200万日元，比同期投资的情况少了442万日元。但是如果从60岁开始继续工作，每个月收入10万日元，则10年合计收入1200万日元，与存款加在一起，则是2400万日元，比押注在无法判断可靠性的投资上得到的假想增值金额2211万日元还略胜一筹。可以说，**靠劳动、不乱花钱的人完胜**。比起不知道能否实现的、假定3%的、不靠谱的投资，劳动得到的金钱是货真价实的。

我在证券公司做了38年营业员，见过无数大富豪，但是**靠投资积累出财产的人非常罕见。积累起资产的，都是拼命做本职工作、避免铺张浪费的人**。我认为资金多到某种程度后开始投资是合理的，但是我并不提倡只准备依靠投资来消除晚年不安的想法。

靠劳动攒钱的人完胜！

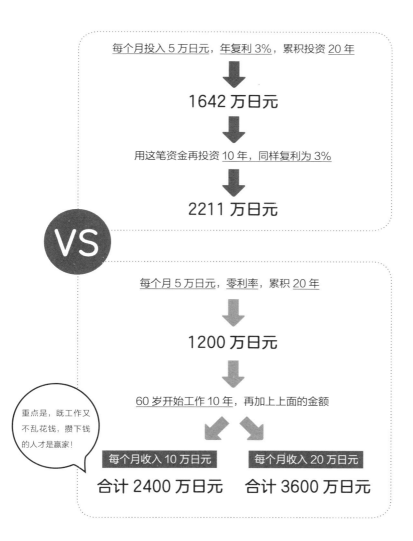

每个月投入 5 万日元，年复利 3%，累积投资 20 年

⬇

1642 万日元

⬇

用这笔资金再投资 10 年，同样复利为 3%

⬇

2211 万日元

VS

每个月 5 万日元，零利率，累积 20 年

⬇

1200 万日元

⬇

60 岁开始工作 10 年，再加上上面的金额

重点是，既工作又不乱花钱，攒下钱的人才是赢家！

每个月收入 10 万日元　　每个月收入 20 万日元

合计 2400 万日元　　合计 3600 万日元

女性更要早知道！养老金从什么时候开始领，能领多少？

井户美枝

我的专业领域是养老金。我从开始从事社会保险劳务专员的工作至今已有27年，但是在每场讲演会和研讨会上都必然有人这样问我。年轻的一代会问："我们将来，能拿到养老金吗？"已经开始领取养老金的人会问："我们能像现在这样继续领取养老金吗？"

我希望你们对养老金能够有这样的认识：**从今往后，开始领取养老金的年龄可能被推迟，养老金的金额可能被削减，但是养老金绝对不会变成零**。2004年，为了确保未来100年左右养老金制度的健全性，政府还做过财政检查。

公共养老金，是我们退休后的生活费的基础。但是，在未来仅靠养老金生活有些困难也是事实。2014年政府财政检查后公开发表内容如下：未来一个样板家庭①能拿到的养老金是"当时在职

---

① 样板家庭：丈夫一生都是工薪族，妻子一生都是全职主妇，并且没有离婚的家庭。

一代人的净收入的50%"（也称作所得代替率，是养老金金额与当时在职一代人的包括奖金在内的净收入的比值。不是你自己在职期间收入的50%），但是如果人口继续减少或者低成长持续下去，到2055年，比值可能会下降到39%。也就是说，**虽然养老金制度将持续到100年以后，但是除去养老金以外的晚年资金（储蓄或收入）也是绝对必要的。**

□ 实际到手的养老金金额约减少 1 成

在养老金的话题中，经常被提及的是**公司职员丈夫与全职主妇妻子组成的样板家庭。**样板家庭的设定是：丈夫的工资是男子平均工资，并且缴纳40年福利养老金，妻子40年都是全职主妇。这样的两人能够领取到的公共养老金金额为：夫妇合计每个月22万~23万日元。但是，如果只是看到这个数字便思忖"我家的生活费是20万日元左右，所以足够了"，那是盲人摸象。**公共养老金达到一定数额的人，会被预扣所得税、住民税，晚年也需继续缴纳社会保险费，而且社会保险费的负担很重。**社会保险费包括健康保险费、护理保险费以及75岁以后加入的后期高龄者医疗制度的保险费。

从样板家庭的晚年养老金中扣除税费及社会保险费后是多少呢——每月22万日元的公共养老金，扣掉税及社会保险费后，净

收入减少到19.7万日元。

今后上调社会保险费的可能性应该很高。请记住，养老金定期通知书上记载的数字并不是你最终能拿到手的养老金金额。

退休男 × 退休女会话①
聪明地领取养老金的诀窍

★ 大江家的基本生活费为每个月 22 万日元，井户家为 18 万日元

问：我想问问二位，一个月的生活费是22万日元和18万日元，是真的吗？

大江：只计算日常生活费的话，就是这些钱。但是我喜欢旅行，如果把旅行的钱也算在每个月的生活费里，那这些钱肯定是不够的。旅行不会占用维持每个月生活费的养老金和工资，是另外从存款里取用的。

问：包括自我价值实现费在内的花销吗？

大江：除了工作原因，我很少在外面吃饭。旅行的话，每次去海外旅行，夫妇两人共15万~50万日元左右吧。

井户：我与丈夫及已成年的孩子3个人一起生活，伙食费、电费、煤气费等基本生活费为每个月15万日元。因为我住在必须用

车的地方，所以再加上两台车所需要的花销，每个月是18万日元左右。因为我没有住在市中心，所以伙食费呀、生活费呀，可能都便宜一点儿。

★ 说公共养老金没有缺陷，真的是真心话吗？

问：关于公共养老金，专家井户女士说过："即使减少，也不会变成零。"但是年轻人仍旧担心：等到自己这辈人老了，就领不到养老金了。是有人在煽动言论吧？

大江：我在证券公司工作的时候，我也煽动过呦。我本人在30岁左右的时候也坚信"等我们老了一定拿不到养老金"。

问：井户女士，以理财规划师的立场来看，又如何呢？

井户：我感觉有很多人对养老金的体系没有深入了解就认定"领不到养老金"。当然，由于养老金的财政形势严峻，养老金的金额应该会继续做出调整。2016年12月，在在职一代人的工资下降的同时，减少养老金支付额的制度也落实了。但是我认为，只变更体系本身却不变更法律是不合适的，所以养老金制度不会骤然发生巨大改变。令人担忧的其实是团块世代①的老龄化。

---

① 团块世代：指的是日本二战后第一次生育高峰时出生的一代人。

问：说的是在二战后1947~1949年前后出生的人吧？

井户：到了2025年，团块世代的所有人都会达到75岁高龄——被称作后期高龄者。到那时，日本的两成人口都会在75岁以上。同时，社会保险供给的护理费、医疗费的负担将随之加重。如何维持参保者缴费与领取额的平衡，将成为重大问题。

问：听说，解决方式是推迟开始领取养老金的年龄？

井户：现今，国家正阶段性上调开始领取养老金的年龄，原则上是从60岁逐步变为65岁。其结果就是，不断出现从60岁退休到开始领取养老金的五年间无收入的人。

所以国家制定了促进企业将退休年龄延长到65岁，以及给在60岁后工作到65岁的人发放津贴等制度。从2017年开始，65岁开始重新工作的人将成为雇用保险的对象（被保人）。如果将开始领取养老金的年龄再往后推两年变为67岁，对于企业来说，这种延长退休的负担将会更重，所以我认为不会轻易执行。就算真的要执行，也会循序渐进的吧。

★　"延期支付"，为妻子孤独的晚年做准备

井户：只剩女性一个人的时候，需要担心养老金的问题。以公司职员与全职主妇的样板家庭为例，夫妇二人每个月能领取23万至25万日元的公共养老金，如果丈夫去世留下妻子一个人，丈

夫的老龄福利养老金的75%——约9万日元，将以遗属福利养老金的方式支付给妻子，但是丈夫的老龄基础养老金将全额取消。就算加上妻子自己的老龄基础养老金，每个月也还不到15万日元。即使丈夫有企业养老金，也将全额取消，所以请做好收入几乎减半的心理准备。但是，这并不意味着因为只有一个人了，生活水平就要降半。

大江：公共养老金从65岁开始满额支付，但是最晚可以推迟到70岁，到那时，每次的支付金额都会增加。丈夫从65岁开始领取养老金，先用来支付生活费，妻子则等到70岁再领取养老金，用这种方法为可能比丈夫长寿的妻子一个人的晚年生活做准备，是"很恰当"的吧？

井户：是推迟领取的方法啊。推迟开始领取养老金的时间，每推迟1年可以增加约8%的领取金额，对于夫妇都工作，妻子的养老金金额也多的家庭来说效果更明显。推迟到70岁的话，领取金额甚至能增加42%。但是请注意：如此一来，能领取的年限就相对变短了。如果将开始领取养老金的时间推迟到70岁，却没活到81岁以上的话，领取的养老金总额甚至会比从65岁开始领取的养老金总额少。我认为，将妻子开始领取养老金的时间推迟1~2年左右还是可行的，因为谁也不知道年龄大了以后还能不能享受金钱带来的快乐。顺便说一句，我准备从67岁开始领取养老金。

大江：这种事情，一定要在开始领取养老金前了解清楚。

井户：一旦开始领取养老金就不能变更了，所以步入50岁以后，一定要仔细考虑从什么时候开始领取养老金。此外，请知悉养老金需要自己申请才能领取。满足缴纳保费十年以上（2018年8月开始）等领取条件后，在用户65岁快开始领取时，申请养老金用的整套资料都会被邮寄过来。请带好这些资料前往养老金事务所办理手续。希望推迟开始领取时间的人，等到想要开始领取时去申请就可以了。但是，推迟到70岁以上的话是没有增额的，而且五年后将取消领取权利，所以请最晚推迟到70岁去申请吧。

本章小结

● **担忧晚年钱财的原因**

　1. 不知道晚年需要花费多少生活费

　2. 不知道晚年的收入（养老金）

　3. 不知道晚年有多少储蓄才能安心

● **为了消除不安而估算晚年的收支**

　1. 从在职的即刻起，粗略地制作家庭收支簿掌握支出

　2. 通过养老金定期通知书来确定养老金的预算额

　3. 根据收支表来思考应该储备的金额

● **仔细了解公共养老金**

　1. 公共养老金不会被取消

　2. 但是，仅靠养老金生活是很难的

　3. 灵活利用养老金定期通知书和养老金网站吧

　4. 从什么时候开始领取，能领取什么养老金，能领取多少养老金，做份一览表

5. 提前考虑好从什么时候开始领取养老金

● **容易被忽略实际上却很重要的事情**

　1. 日常生活费以外的费用预算

　2. 不擅长投资不投资也可以

　3. 退休女性，做好最后是一个人的心理准备

　4. 公共养老金也会预扣税费、社会保险费

　5. 晚年的社会保险费负担确实会加重

第 2 章

月收入多少才能抵消

『晚年赤字』

工作才能解决晚年不安

大江英树

□ 只要工作，就能消除贫困、疾病、孤独

最近，"晚年的不安"已经成为明星策划——只要杂志做相关特辑，一定卖断货。到底怎样做才能消除晚年的不安呢……杂志上的说法是：只要存钱就好了，或者只要投资就可以了。当然，存钱和投资都可以消除经济上的不安，而且是非常重要的方法，此话不假。

但是，如果说只要这么做就可以消除晚年的不安，那就不对了。晚年的不安除了经济方面，还有其他各种方面。因健康而不安，因不能工作而不安，因断开了和社会、和人之间的羁绊而不安，还有陷入孤独的不安……这些**都不是只靠存钱和投资就能够消除的。**

那么，如何才能消除晚年的不安呢？有一天我茅塞顿开——只要消除"晚年"就可以了呀。所谓的晚年，是从停止工作、正

式引退时开始的。既然如此，只要延长在职生涯，晚年就会消失了。担忧晚年的话，就尽可能延长工作年限好了。

前几天，我看电视的时候偶然听到这样一句话："从今往后，日本人若是不工作到65岁以上就会吃不上饭。"这句话将退休后继续工作定义成了未来道路中黑暗的那一条。但是我感受到的是，**终生工作反而会给我们的人生带来光明与快乐**。要说原因，因为最常见的晚年不安——贫困、疾病、孤独，这些都会因工作而消失殆尽。

首先是贫困，只要你继续工作，不管是多是少总会挣钱。其次是疾病，因为你待在家里无事可做，浑浑噩噩，身心状况才会恶化。我认为，只要你继续工作，忙碌不但可以帮你维持健康，而且轻而易举。最后是孤独，拜工作所赐，你可以与周围人保持联系，这将大大消除孤独引起的不安。

□ "终生工作"的三个选项

60岁以后如何消磨时光，我试着整理出了下页的图。不管是工作还是不工作，接下来都有各不相同的选择。

右侧是"不工作"的情况。这里的不工作指的是不做为了获得报酬而做的工作——不仅包括在家游手好闲地看电视、读报纸，还包括参加兴趣爱好等团体活动、学习等其他活动。

左侧是"工作"的情况。不包括志愿者工作，是指与收入挂钩的工作。

那么，到底做些什么呢？**退休后继续工作有三个选项可供选择**。第一个选项，是**被退休时所在的公司返聘，继续工作**。公司职员选这个选项的人最多吧。第二个选项，是**借助经验与人脉转行**。第三个选项，是**创业自己当老板**。我就是第三个。

然而每一种选择都有需要注意的地方。

60 岁以后如何消磨时光？

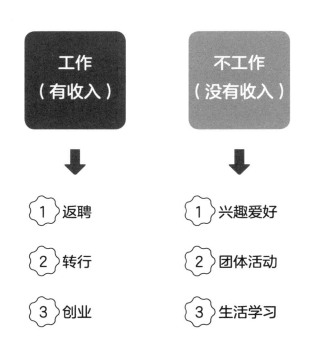

□ 部长请注意！返聘后的行为

如果你在考虑将来被现在的公司返聘，有些事情你需要提前了然于心。第一，返聘后要**多听别人说话**。迎来退休的人大多身居管理岗位，而身居管理岗位的人从来不听别人说话，都是自己提出各种指示，自己说很多话。部下前来汇报，自己也只是干脆地得出结论："知道了，知道了，好，那么……"这是理所当然的，管理岗位就是要迅速做出决策并下达指示。但是管理岗位的人**返聘后也只不过是区区兵卒，没有人想听你说话**。大家听上司说话，也只是因为上司手里握着人事考核的权力而已。如果不是这样，谁都不会想听那些枯燥乏味的语言。因此，多听别人说话是很重要的。

第二，**放下多余的自尊**。又不是什么伟人，复印、杂活都自己做吧。

第三，**学会必要的基本技能**。例如如何用电脑制作文件、资料，或者执行实务时需要掌握哪些细节知识等。在你身居管理岗位的时候，你身边的部下会替你完成这些工作，你自己只需要查看报告做出判断即可。但是返聘后，**没有实务知识的人就是职场的累赘**。所以返聘的日子并不轻松哦。还有，**返聘基本等同于65岁以后失业**，请做好心理准备哦。因为大多数情况下，没有人会雇用65岁以上的人，特别是大型企业。

工作方向的三个选项

① 选项 1

退休后被返聘继续工作

② 选项 2

借助经验与人脉转行

③ 选项 3

创业（个体经营者）

中小型企业则不同。我的一名同学是小作坊的老板，他那里年龄最高的员工是85岁。因为不容易录取到刚毕业的员工，所以他希望技术人员能干就继续干。但是大型企业恰恰相反，希望的是高龄员工早点辞职。所以我认为**选择返聘，无所事事地活到65岁是有风险的**。因为基本上，所有人都会在返聘期间失去对工作的兴趣。到那个时候再打算做些什么，就更艰难了。如果真的想终生工作，希望至少工作到70岁的话，建议最好从55岁左右开始准备，并且选择离开老巢。

□ 曾经，退休后重新找工作是理所当然的事情

我在前文提到过，我决定退休后继续工作时距离退休之日只剩半年的时间了。因为准备的时间很短，所以我先是被返聘工作了半年，然后才单干的。有几乎一整年的时间，我完全没有工作。我甚至也迷茫过：会不会一直这样没有收入啊……那也是无能为力的事情啊。

从55岁开始着手准备的话，除了被返聘，还有很多条道路可以选择。例如去其他公司再就业，退休前就可以转行了。你认为50多岁了还参加面试有点不好意思？其实，**公司职员退休后重新找工作是理所当然的事情**。我刚开始工作的那段时间，即1960年、1970年前后，那时候大多数公司都是55岁退休，而养老金却是从

60岁开始支付。也就是说，退休后要等五年才能开始领取养老金。那时候的人们是怎么做的呢？就是托关系找门路再就业个五年、十年，然后开始领取养老金。

直到1994年《高年龄者雇用安定法》出台，才将退休年龄推迟到60岁以上这件事情义务化了[1]。

从那以后，才诞生了60岁退休的同时可以领取养老金这一新的常识。但是大家也知道，从1994年开始，开始领取养老金的年龄阶段性后延，如今推延至65岁，因此越来越多的人抱怨说："唉，60岁退休，65岁之前都拿不到养老金，那五年时间可怎么办呀！"**不要垂头丧气，过去的人们都是自己找工作再就业的。**我的兄长、我的父亲是如此，我的岳父也是如此。曾经，大家都是自己找到第二职场的，如今，也没有什么不可能的事情。在我认识的熟人中，就有许多像这样再就业的人。

---

① 现行的《高龄者雇用安定法》是鼓励企业实行65岁退休制度。

返聘后的注意事项

① 多听别人的话

没有人想听你说话 ● ● ●

② 放下多余的自尊

你又不是什么伟人 ● ● ●

③ 学会必要的基本技能！

实务知识，电脑 ● ● ●

□ 不是"华丽的转行"而是"年老的转行"

包括再就业在内的转行，当然是对这个人作为公司职员所拥有的能力——例如营业能力、管理知识、总务能力等专业性进行评价后再录用的，所以新的职场会重视他。这一点与返聘有很大区别，心境也大不相同。

被原公司返聘，那个人的形象是完整的，但是在新的职场，他就得从头开始塑造了。

但是必须注意的一点是：**心态要摆正**。一提到换工作，总给人一种因为掌握高端技能，被外资企业用高薪挖过去的印象，俗称"华丽的转行"。但是退休后的转行，只是单纯的"年老的转行"。以此为出发点，**该如何将真实的自己推销出去呢？**

转行、再就业之后的注意事项有：第一，不要拖着前公司的职位当尾巴，特别是原来在大企业的人，这样会招人烦；第二，要接受新的价值观——在中小型企业，社长就是法律，达成社长的希望是最重要的事情；第三，不要越俎代庖，要明确自己怎么为公司做贡献。

转行、再就业的注意事项

① 不要拖着前公司的职位当尾巴

> 这样最招人烦

② 要接受新的价值观

> 在中小型企业，
> 社长就是法律

③ 明确怎么做贡献

> 不要越俎代庖

□ 60 岁开始的创业规模为"月入 3 万日元"

60岁开始的工作方式中也包含创业。虽然称作创业，但是也**没有必要想得天花乱坠——月入3万、5万日元也不错。能挣点零花钱**就足够了，所以只考虑喜欢做什么工作还能挣钱，不是更好吗？

我认为60岁以后的人很适合创业。为什么这么说呢，因为我也当了将近40年的工薪族，所以很清楚公司职员有满腹的牢骚——全部都是自己不喜欢的事情，因为事事都不如愿。但是，只要不犯什么大错，也不会轻易地被开除，所以虽然满腹牢骚，但是却不会为此忧心忡忡。

而创业则恰恰相反——明天就可能突然没有工作了。虽然会惶恐，但是却没有不满，因为做的是自己喜欢的事情呀。

40多岁开始创业的话，不安的情绪会很严重。但是如果是60岁退休之后再创业，对于大部分人来说不安和不满都会消失。**只要活到65岁就能领取养老金了，还能从公司领取退休金，完全不可能发生吃不上饭的情况。**所以只要不借钱、不做鲁莽的投资——只要不做此类事情，退休后自己创业未尝不是一个很好的选择。

□ 60 岁开始不做不喜欢的工作

我认为，不管是被返聘、转行还是创业，60岁以后的工作都要遵守下面这些重要原则。

首先，要做自己喜欢的事情。直截了当地说，我认为公司职员就是将自由卖给公司以换取安定的职位。曾经的我也一直都是这样。但是离开公司以后，就没有必要再做不喜欢的工作了。去做喜欢的事情吧。

其次，金钱不是全部。多少无所谓，去做一些对这个世界有用的事情吧。

最后，不要勉强自己。做力所能及的事情。

□ 60 岁以后的收入因工作方式而异

前面介绍了三种60岁以后的工作方式，而退休后的收入会因工作方式的不同而产生天壤之别。选择**返聘、转行、再就业**，**到65岁之前都有稳定收入，但是65岁之后就没有收入了**。选择**创业，自己经营公司，可以自己决定工作到多大岁数，反正开心就好**。

当然，也可以选择完全不工作。但是在这种选择下，60岁以后没有收入，公共养老金要等到65岁才能开始领取，原公司职员的话可以依靠企业养老金、退休金，而其余人只能依靠自己的储蓄。要选择走哪条路，有必要提前思考清楚。

我在前文说过，我认为工作是最好的选择。刚刚我也提到了，工作能消除大部分晚年的不安情绪，因为它能彻底改变60岁以后的资金流。

工作方式与退休后的收入模拟图

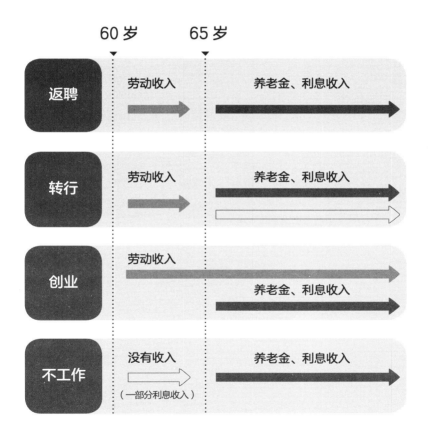

□ 通过继续工作"我的价值"能超过 1000 万日元

　　有一种思维方式叫作"人的资本"。人的资本就是指一个人工作挣钱的能力。60岁停止工作的话，人的资本在60岁整时就成了零。这么说很有道理，毕竟不再有收入了。

　　但是如果工作到65岁，假设每月收入20万日元，一年是240万日元，五年就是1200万日元。按每年2%的长期利息估算价值，则现在60岁整的人，其"人的资本"为1131万日元。换句话说，在一个人决定工作到65岁的那个瞬间，这个人的价值便等同于他拥有1131万日元的资产了。

　　再假设工作到70岁，"人的资本"就是2156万日元。利用继续工作，能消除大部分的晚年不安。事实上，工作到70岁的大有人在。内阁府的调查显示，工作到65~69岁的男性占49%[1]。也就是说，两个人中就有一个人工作到将近70岁。

---

[1] 数据出自 2016 年版高龄者白皮书，高龄者的就业状况。

60 岁时你的"价值"

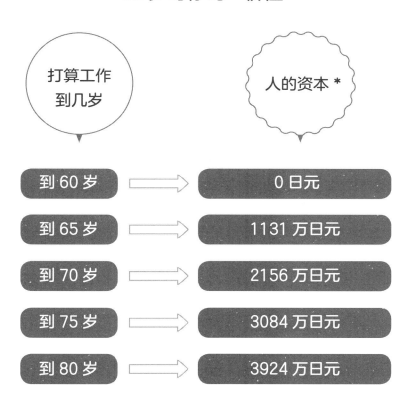

打算工作到几岁

人的资本 *

打算工作到几岁		人的资本 *
到 60 岁	⇒	0 日元
到 65 岁	⇒	1131 万日元
到 70 岁	⇒	2156 万日元
到 75 岁	⇒	3084 万日元
到 80 岁	⇒	3924 万日元

*假设月收入为 20 万日元,长期利息为 2% 估算出的现在 60 岁整的人的个人价值。

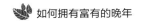

找到退休后"适合的职业"

井户美枝

□ 退休夫妇的家庭收支，平均每年赤字 100 万日元

正如大江老师指出的那样，令人惊喜的是工作能够消除晚年的不安。我是一名理财规划师，经常为工薪家庭制作晚年资金流动表，于是发现有很多这样的案例：对于丈夫是白领、妻子是全职主妇，在丈夫退休后**打算仅依靠丈夫的退休金生活**的家庭来说，若在日常生活花销的基础上还有娱乐消费，则这个家庭**每年大概会有100万到150万日元的赤字**。换句话说，退休后，若这个家庭每年再收入大约100万日元，平均每月8万日元以上，则勉强可以收支平衡。

我想对于现在还在职场打拼的四五十岁年龄层的人来说，他们很少认真思考退休后转行、再就业的问题，但是**一想到退休后找一个每月能赚8万日元的工作就足够了**，是不是突然就轻松了许多？如果还是觉得困难，可以不只丈夫一个人工作，夫妇两个人一起工作达成每个月8万日元的目标，甚至通过各种方式来达成这个目标，只要每个月多了这8万日元，晚年的经济状况就能充盈许多。

孩子都已独立，工作只是为了维持夫妻二人的生活，不管是金额还是工作内容，都比退休前要自由许多。所以，请将夫妻二人放在首位来思考吧。

□ 退休后适合什么职业？心理测试大挑战！

我，其实是一名资格证狂人，除了具备社会保险劳务专员的资格，还具备土地建筑交易员的资格，以及产业规划师、全球职业规划师（GCDF）、DC（企业养老金）规划师等资格。因为大学时我在社会学专业学习了心理学，所以也持有心理学相关的资格证。要说为什么会变成这样，其实，是因为我一直在寻找更适合我的职业。

你有没有这样想过——如果退休后再工作一次的话，一定要选择和现在不同的、更加适合自己的工作？那么，什么才是适合自己的工作呢？心理学是一门解释思维与行为之间的关系的学科。行为与自我的本质密切相关，对于自我的本质，请允许我以全球职业规划师的身份提出一些建议。

我将本质与行为的关系做成了65页中的图表。正中央的圆形代表"本质"，是与生俱来的资质，基本上一生都不会改变。它的周围是思维方式、感情、价值观，这些是出于本能而需求的事物。原本，是人的本质造就了千差万别的人。但是，人又会受年龄、职业、周围人的影响而发生改变，最后通过态度、行为、语言表现出来。

有些人一看就像银行职员或者公务员，但是他们中间有一部分人的性情原本却是恰恰相反的，不是吗？在长年的职业生涯中，很多人渐渐分不清楚展示出来的自己和真实的自己，只剩精疲力竭。

"本质"与"行为"的关系

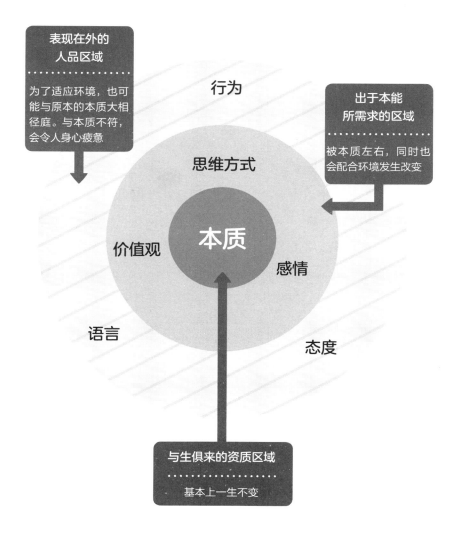

表现在外的
人品区域

为了适应环境，也可能与原本的本质大相径庭。与本质不符，会令人身心疲惫

出于本能
所需求的区域

被本质左右，同时也会配合环境发生改变

行为

思维方式

本质

价值观

感情

语言

态度

与生俱来的资质区域

基本上一生不变

　　接下来是心理测试。这个心理测试非常有名，所以可能有的读者知道这个心理测试。这个心理测试将测试出你在一生当中最重视的事物。**你带着牛、马、羊、猴子、狮子五只动物去旅行，并在途中逐个抛弃它们。牛、马、羊、猴子、狮子，请凭直觉回答抛弃它们的顺序。**准备好了吗？接下来公布答案。

　　牛，代表工作。如果你第一个抛弃的是牛，说明你最想抛弃的事物就是工作。马，代表金钱。抛弃马的人，我想他不怎么拘泥于金钱。羊，我很想留下它。羊代表恋人，或者配偶。然后是猴子，代表孩子。抛弃猴子的人是不是自己也想过不要孩子呢。最后是狮子，代表自尊。

　　这只是一个心理测试，虽然不是权威，但多少能看清自己的倾向。这种价值观，一般不会随着年龄的增长发生太大变化。

　　下图用来说明类型，是基于美国心理学家威廉·莫尔顿·马斯顿博士发明的DISC自我分析工具进行的分类。为了生动，我使用了动物的形象。请参照图表，看看自己像哪种动物。

你属于什么类型？

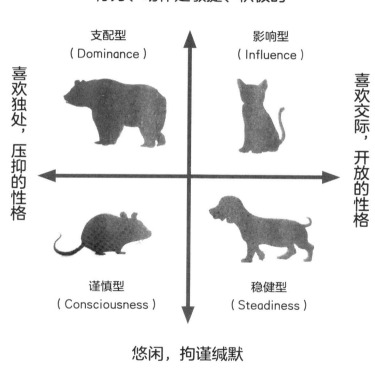

行为、动作是敏捷、积极的

支配型
（Dominance）

影响型
（Influence）

喜欢独处，压抑的性格

喜欢交际，开放的性格

谨慎型
（Consciousness）

稳健型
（Steadiness）

悠闲，拘谨缄默

纵轴是行动的速度，横轴是对人际关系的态度

纵轴是行动的速度。越往上速度越快，越往下行动越迟缓。横轴是对人际关系的态度。越往右越开放，更容易和人相处，越往左越压抑，是比起和人交往更喜欢独自工作的类型。

左上方的熊是支配型（Dominance），右上方的猫是影响型（Influence）。下方，狗是稳健型（Steadiness），老鼠是谨慎型（Consciousness）。

接下来进行详细说明。

熊，这一类人希望自己处于优势并掌握主导权，是非常适合**做管理者或自己当老板**的类型。他们对自己的评价很高，以事业为中心，是成果主义者。这类人喜欢单刀直入，最讨厌被人利用，而且不太能理解他人的想法和感情。因为自己能独自完成工作，所以不能理解他人为什么不能完成。

猫是乐观型。希望尽快收获成果这一点与熊相同，与熊不同的是，猫是想方设法"变成"，而熊是靠自己的努力想方设法"做成"。猫在想如何"变成"，所以只想不做。**猫擅长社交，喜欢被人表扬**，没有人表扬他的话，会很沮丧，适合**艺术家、自由职业者**等工作。

狗，是悠闲、稳重的类型，擅长团队合作。这类人喜欢遵循惯例或仿照前例做事，畏惧失败和破坏安定。也是忍耐力强，喜欢维持现状，不喜欢在周围掀起波澜的类型。实际上，在金融机构工作的人大多属于这种类型。**这类人适合服务行业或者与人接触较多的职业。**

最后的**老鼠**，是拘泥于正确性、理论上的整合性，喜欢数据的类型。这类人害怕别人批判自己的做法，拘泥于工作上质的飞跃，是完美主义，并且具备自控力，总是孜孜不倦地努力着。他们大多从事IT相关的工作或者在研究所任职，是能在**精密的数字或分析工作**上大放光彩的类型。

你符合哪一种类型呢？（也有符合两种类型的人）你本身的类型和现在的工作吻合吗？比如，你原本是喜欢团队合作又稳重的狗的类型，但是却独自面对电脑，没完没了地做着需要毅力的工作，那么你很可能一边努力工作，一边偏离了自己的本质。

重新确认一次自己的本质类型，60岁以后从事能发挥自己原本个性的工作如何？以此为前提考虑创业、转行的话，似乎可以尝试与现在完全不同的工作方式。

顺带一提，我属于猫的类型，不擅长集体行动，所以在公司工作感觉非常痛苦，在刚毕业时进入的公司工作了两年就辞职了。虽然决定有些草率，但是我不是管理者的类型（熊），不擅长管理人，所以，我一直是自己一个人工作。

□ "不挣钱的事物"里暗藏玄机

退休后的工作也可以通过职业介绍所等求人介绍的方式获得。但是，我建议大家在40~50多岁时，把握住这段时间思考真实的自己喜欢什么、擅长什么，并为此尝试各种挑战。

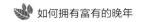

例如**发现了"非常喜欢，却不挣钱的工作"**，这也许正是一个机遇哦。因为不挣钱，所以竞争也少。一个一个的小工作也许收入不多，但是积攒起来年收入也可能达到100万日元。而且你会越来越有自信，没准这会成为你毕生的事业。会有人对你说"谢谢"的工作是什么呢？只是想一想也感觉不赖吧。因为被人感谢是一件非常有成就感的事情。所以我认为，工作不仅仅是为了挣钱——特别是60岁以后的人生。

□ 全职主妇也能挣钱！

即使你现在是全职主妇，也请务必考虑一下找一份适合自己的工作。如果丈夫退休后妻子也工作，则家庭收支可以得到明显改善。如今这个时代，丈夫的月收入涨幅很难超过1万日元，但是身为全职主妇的妻子，每个月挣几万日元相对容易许多。即使是长时间没有工作的人，我想在看了前面写的方法后也一定能找到适合自己的工作。以前，我还特意为此写了一本书，名叫《全职主妇也赚钱！世界上最简单的拯救工薪家庭收支破绽的方法》。

经常听人说，所得税中的配偶专项附加扣除是全职主妇年收入的屏障。大家都知道，依照当今的税收制度，对于妻子是全职主妇，丈夫是公司职员的家庭，丈夫的所得税是有减免的。但是具体分析的话，妻子的年收入若超过103万日元则不再符合配偶专项扣除的条件，相应而言，丈夫的到手工资也会变少，若妻子的年收入超过130万日元，则还要从妻子的年收入中扣除养老金、健康保险中的社会保险费，妻子到手的收入也会减少。因此，经常有人为此干脆不工作了。

　　从2018年开始，符合配偶专项附加扣除的上限将提高到150万日元。对于少子高龄化的日本社会，国家希望更多的女性参与工作，所以税费、社会保险的制度都在不断修改。根据到2017年为止的制度概要，我总结出下页的图表。如图所示，为了配合配偶专项附加扣除的变更，有配偶津贴的公司也在修改津贴制度。

全职主妇优待缩减

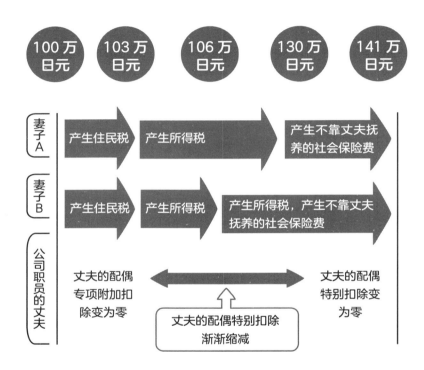

说明：妻子B是在501人以上的企业工作，劳动时间为每周20个小时以上。

退休男 × 退休女会话②
60 岁以后继续工作所需要的心理准备

★　人脉是指知道你优点的人

问：在听二位讲话之前，我曾经认为退休是一个终点，那之后的人生都是风烛残年。但是大江先生说，只要继续工作就可以消除"晚年"。井户女士也提议说，要确认自己的本质，退休后找一份适合自己的本质的工作。看来，我也许应该重新定义退休的意义。所以，首先我想请教一下，二位在退休以前，也就是做工薪族的时候，最愉快的事情和最不愉快的事情分别是什么？

大江：我倒是能说出愉快和不愉快的事情，哈哈。经常有人说，不管上司说什么，只做自己想做的事情。又不是《课长岛耕作》①，现实生活中怎么可能如此随心所欲。基本上，公司职员是不可能按照自己的意愿办事的，所以某种程度上需要忍耐。组织就是这样一种存在，我认为无可奈何。我最愉快的事情，是做工

---

① 《课长岛耕作》：日本漫画，讲述职场职员岛耕作的职场进阶故事。

薪族的最后十年里负责企业养老金的工作。虽然在我们证券公司，销售股票的人员才是当家花旦，而从事养老金相关业务的人完全是坐冷板凳的。

问：为什么坐冷板凳是最开心的事情呢？

大江：因为通过工作，积累了许多外面的人脉。人脉这种东西，即使你去跨行业交流会之类的地方散发名片也无法获得。人脉指的是，了解你到底能做些什么，拥有什么特长的人。假设你是一名公司职员，公司的同事、领导、部下非常清楚你的能力，那么他们就是你的人脉。然而一旦你辞了工作，这些人就不再是你的人脉了。所以，当你还是一名公司职员的时候，有机会去公司外面见能够理解自己能力的人，是非常珍贵的。

★ 即使是做不喜欢的工作，也不是徒劳

问：井户女士在刚毕业时就职的公司只待了两年便离职了？

井户：先听我讲讲开心的事情吧。我最开心的事情，是我所属的营业总部的课长对我说："工作怎么样都无所谓，所以请一边享受一边工作吧。"直到如今，这句话还记在我的心底。在我那个年代，女性职员的工作基本是端茶倒水或者誊写售货发票之类的，但是不同的泡茶方法会使茶水的口感随之发生变化，所以我觉得泡茶也未必不是一种令人愉悦的工作。虽然我只工作了

两年，但是我发现，即使有讨厌的工作，只要努力完成它，也不会毫无收获。

问：那之后您做了三年的全职主妇，继而开始了自由职业者的生涯，并且一直担当社会保险劳务专员至今。您打算工作到多大岁数呢？

井户：只要我还能发出声音，就会一直做下去。我还打算做其他各种各样的事情。虽然我持有社会保险劳务专员、理财规划师、DC规划师等许多资格证书，但那都是因为我每取得了一项资格并尝试了相关工作后，发现都不适合自己或者不够满意。尽管如此，这些资格证书还是帮助我尽可能地拓宽了事业格局。只要行动起来，事业就会慢慢随之改变。于是，见到的人也发生了改变，工作也变得越来越有意思。

★　目标不是成为公司职员，而是成为办公室玩家

问：有人说工作因你对待的方式不同而不同。大江先生怎么看？

大江：公司职员不是虚有其表就可以了，所以想要找到快乐工作法简直是天方夜谭。我希望大家能够意识到只要是公司职员就是苦役，忍着继续干就好了。

但是，大概25年前我遇到了一本书，这本书至今仍然深刻地

影响着我的人生。这本书就是曾任职电通[1]公司制片人的藤冈和贺夫所著的《通往办公室玩家的道路》[2]。书中写道：目标不是成为工人，而是成为玩家。工人就是指工作的人，那么玩家又是什么意思呢？

我想，想象一下高尔夫或者网球的玩家可以有助于理解。玩家们也在工作，他们是一边玩，即一边享受，一边工作。书中写道，反正要工作，那么请不要作为工人，而是作为玩家去工作——比如在工作中寻找游戏要素，并且亲自挑战，这难道不是一件令人开心的事情吗？

书中也直白地写道：也可以把出人头地当作目标。这句话让我眼前一亮，但是作者的意思是，公司职员只有成为社长才叫出人头地，如果不能成为社长，即使最后成为副社长也与仍是普通职员的情况没有区别。如果能够成为社长，即使是为工作牺牲朋友、家人甚至全部也是值得的，但是即便如此，还是不能够保证一定可以当上社长，因为成为社长还必须有运气。既然如此，与其赌一场不知输赢的赌局，不如彻底放弃出人头地。即便他如此告诫，30多岁的人还是无法理解这般心境的吧，毕竟公司职员的人生，花落谁家还尚未分晓。但是等到过了50岁，基本看到了结局，我想就能接受这段话了。虽然我也未能出人头地，但是在最后的十年里，我随心所欲做的事情，成了我如今的财产。

---

① 电通：日本世界级规模的广告公司。

② 2017年2月后已绝版。

问：虽然说是随心所欲，但是大江先生出于公司职员的立场，还是做过不想做的事情吧？

大江：当然做过。因为有一个莫名其妙的上司。但是最后，突然发现自己掌握了技术，还具备了专业性，也是公司职员的特点。

问：您说在工作的二三十年中，一定有事物成了自己的强项。这是不是说尝试整理一次至今为止做过的事情就可以了呢？

大江：你是指职业盘点吧！

问：但是说实话，我认为这很难办到。有没有职业盘点的诀窍呢？

★　通过与公司外部的人交往发现自己的能力

大江：大多数公司职员都是在职时自信过多，退休时自信不足。在职时期大家都说"我明明做得很好，但是人事却一点好评都不给我"或者"我的能力不止于此"。但是，一旦对刚退休的人说："既然如此有能力，那么辞职也可以吧？"他却又说："不不，我只是一名公司职员，什么能力都没有。"

可见大家并不是十分了解自己的能力。所以我经常说，过了50岁以后，多和各种各样的人接触接触，最好是努力结交公司外部的朋友，因为公司内部的常识到了公司外面可能就不是常识了。别人会说"大江先生还会做这种事情呢"，"大江先生这一点很厉害呢"，于是便知道自己的强项了。

问：这么一说我想起来一个熟人，他一直担当总务的工作，作为工薪阶层和出人头地是无缘了，但是他在给公司高效率搬家方面的才能却是鹤立鸡群，并且利用这个技能成功再就业了。这就是您说的能力啰？

大江：不管是专攻销售的人，还是致力于管理的人，或者刚刚你说的担任总务的人，我认为虽然他们拥有的技能各种各样，但是有许多资历浅或者规模小的公司感恩戴德地愿意用每个月5万日元或者10万日元去求教这些技能。即使是公司职员，只要专心致志地将一项工作做上十年，他就是这一行的专家。

★ 意想不到的能力连接着机遇

井户：我觉得全职主妇也是同样的道理。经常听一些主妇说"我什么都不会"，但是事实上她们或者擅长料理，或者扫除很迅速，或者有丰富的护理经验等，都在某一领域不断积累着技能。工作也分很多领域，而且不只有在公司上班的工作，在自己家里工作或者SOHO办公的工作也越来越多。如今依据自己的能力，有很多种选择。

问：说起来，我个人委托的家政公司里的工作人员，基本上都是全职主妇出身。不仅有年轻人，还有中老年人，大家都是在当全职主妇的时候积累了育儿、家务等经验，并且很高兴能通过这些技能来挣钱，看起来很了不起。大江先生，您遇到过什么样的人呢？

大江：我之前在滋贺县近江町八幡市的水乡附近游玩，打盹儿的船夫中竟然有一位是退休了的校长。一般来讲，在地方说起校长一定是当地的名人。然而他却全然拒绝了各种顾问、名誉职位的邀请，当起了船夫。"老朽不受天命，甘愿优游。"这句话直抵我的内心深处。船夫的运动量很大，有助于健康，大概挣得也很多，因为这里有许多访日的外国人及各种游人，所以还能激发好奇心。比起孤独地坐在办公室里，这简直好太多了。在公司当职员的时候，是完全搞不清楚什么事物才是有价值的，什么事物是可以挣钱的吧。因为公司职员在每个月发工资的日子里都能收到工资。

问：局限在公司的框框里，根本想象不到有些事物也可以成为工作吧？

大江：我自己独立之后也遇到过这种情形：拼命去做的事情根本不挣钱，竟然在相反的事物上赚到了钱。真的是不做不知道、一做吓一跳。

★ 仪表也非常重要

问：说起来，两位看起来都比实际年龄年轻呢。秘诀同样是继续工作吗？

井户：我想是因为经常运动吧。我每天要步行5公里。而且我经常要见人，所以会特别注意仪表。

大江：上了年纪以后，外表越发难堪。头发几乎全白了，皮肤也越来越差，身材也无法维持得像年轻的时候一样。即便如此，敢于穿着华丽的服饰，保持穿戴整洁，仍然是很重要的事情。所以我偶尔穿粉色的衬衫，或者打扮得稍微花哨些，尽我所能地变得更漂亮一些。

本章小结

● 继续工作可以消除 3 种不安

　1. 可以获得收入→消除贫困

　2. 活动身体可以使情绪高涨→维持健康，预防疾病

　3. 通过工作可以接触他人→消除孤独

● 60 岁以后的工作方式有 3 种选择

　1. 被原公司返聘

　2. 利用经验和人脉转行

　3. 创业（自己当老板）

● 继续工作和持有资产具有同样的效果

　1. 2个人中就有1个人工作到70岁

　2. 假设一个人每个月收入20万日元，一直工作到70岁，则他到60岁时人的资本是2156万日元

　3. 年收入100万日元就能基本抵消晚年赤字

　4. 全职主妇也工作的话可以大幅度改善家庭收支情况

● 60 岁以后继续工作所需要的心理准备

    1. 盘点一下自己过去的工作

    2. 50岁过后，增加与公司外部人员的接触

    3. 思考工作是否符合自己的本质

    4. 冷门工作也具有可能性

    5. 不要只为了钱工作，工作要有意义

第3章

生病和护理的开销

我，是医疗保险"不要派"

大江英树

□ 医疗保险是像"低温烫伤"一样的东西

任何人都对自己的晚年怀揣不安，其中必然包括"健康"和"金钱"两项。在生命计划研讨会上，经常有人提出下面这些问题：一旦生病了需要花多少钱？需要预备多少资金才能在将来需要护理时不为钱担忧？我开始担心父母有没有为请护理认真攒钱……

在第1章，我们讲解了如何整理退休后的收入与支出，以便了解自己在晚年需要多少必需的生活费。

例如由收入为平均水平的公司职员和全职主妇构成的家庭，他们晚年的生活费为每月25万日元，即每年300万日元，算上公共养老金、企业养老金和退休金共1000万日元，经济状况勉强说得过去（请参照第30页）。但是这并未包括修缮房屋等临时消费，以及退休后身患重大疾病或者需要护理时所需要的金额。如果将这些需求都考虑在内，就像井户女士在前文写的那样，"仅靠养老金生活有些困难"也是事实。

我在第2章中建议大家，为了消除金钱方面的顾虑，最有效的方法是继续工作到70岁。假设你将一份月收入20万日元，即年收入240万日元的工作一直做到70岁，则你在60岁那一刻的价值已经是2156万日元（见第62页图）。只是决定工作到70岁而已，你在60岁时就等同于拥有了2000万日元以上的金融资产。以此为前提，我们将在第3章讲述45岁以后大家应该提前知道的事情——疾病和护理实际需要花费多少钱。

上了年纪以后不但患病的风险增高，而且一旦有住院或者手术等病史，便很难再加入保险。因此，**60岁以后再参加医疗保险的话，要缴纳比年轻时更多的保险费**。这件事合情合理，想一想就能明白——老了以后患病的风险更高，因此患病后支取保险金的概率也相应变高，所以需要缴纳的保险费也就更多了。

我在某生命保险的主页上，以每月缴纳4512日元保险费，入院时每天赔付5000日元保险金的险种为例，试着计算了一下60岁时参加医疗保险一共需要缴纳多少保险费。

假设从60岁开始缴纳，连续缴纳十年，一共是多少钱呢？合计缴纳54万1440日元。但是，假设这期间住院一周的话，仅能赔付3万5000日元保险金。

所以我认为，参加这样的保险还不如把这些钱存起来，等到生病的时候用这些钱支付病床差价①。不经过深思熟虑，"为了安心"而参加保险并持续缴纳保费，这对于退休后的家庭经济状况来说，可能会造成"低温烫伤"一样的危害。

原本保险就是为"偶发事件""一旦发生，自己的储蓄不足以解决的问题"，以及"无法预知何时会发生的事情"准备的，例如因火灾或地震受害，或者发生交通事故等。但是晚年患病可不是"偶发事件"，它是高概率事件，所以出险的概率也很高，导致保险费也更贵。因此，很难说买保险是合算的。

因为我们全体日本人都参加了叫作公共医疗保险制度的"最强保险"，所以即使生病也只需承担非常少的医疗费。如果一个月内承担的医疗费超出了限额，超出的金额还会通过健康保险返还回来。限额根据年龄及收入有所不同，但是70岁以后，即便与在职员工的收入（年收入370万日元以上，月收入28万日元以上）相同，上限金额也是每月4万4400日元②。不能说退休后绝对不需要医疗保险，反正我自己是没有参保。详细了解了制度之后，只要能判断是否需要，就能避免资金浪费。

① 病床差价：在日本，住院患者希望住超过健康保险规定金额的单人病房时，差额由个人承担。
② 2017年8月以后有所变更，见第105页图表。

□ 健康与金钱有许多共同点

每一个人都是第一次经历衰老，没有人能够想象自己老后的样子。每一个人都想长寿，那是因为在他们的想象中，自己能一直保持着现在的样子活下去。

但是那是不切实际的。伴随着衰老，令人厌恶的事物也会接踵而至。比如我就是这样。一开始是视力越来越模糊了，而最近，经常话到嘴边又忘了——哎，那个叫什么来着？我能很清楚地记得50年前发生的事情，却偏偏想不起来昨天吃了什么。体力下降，皮肤失去光泽，生命在凋零。身体出现各种症状也是在所难免的事情。

我认识一位叫作久坂部羊的人，他既是一名医生又是一名作家。他的小说《破裂》和《无痛》已经被翻拍成了电视剧，所以我想也许有读者知道他。久坂部羊说：越是想要逃离衰老，越是不断地预防衰老，越是会陷入无底的深渊。对此，我深有感触。

经常有人说不愿意躺在床上苟延残喘，而是希望尽可能精力充沛地活到死亡前一秒。这是所有人的愿望吧，所以大家为了维持健康努力做着各种运动，例如散步、拉伸。但是，这其中蕴含着巨大的矛盾。通常，突然死亡多发于脑梗、心肌梗死等血管类疾病，而患有这类疾病的人大多从年轻时起开始就不注意养生——高胆固醇、动脉硬化、高血糖……也就是说，素来注重健康、调理身体的人几乎不会猝死，真是讽刺。

当然，也不是说既然如此就不要养生了，不养生有不养生的风险。70岁以后猝死的话还能让人接受，但是也有40多岁、50多岁就猝死的案例啊。因此我的想法是，趁着年轻的时候更要注重饮食、坚持运动、过健康规律的生活。60岁以后反而不需要强迫自己吃不喜欢的东西，或者强迫自己做运动。

虽然我并不是健康方面的专家，但是这样思考以后，我发现金钱和健康有许多相通的地方。

首先，金钱和健康对于人类来说都是非常重要的东西，所以有很多人为了得到它们不懈地努力着。其次，两个领域里都有相关的专家，他们发表过很多言论，但是大多靠不住。再次，金钱和健康本来只是手段而已——为了走向幸福人生的手段，却常常变成了目标。最后，死了之后，健康和金钱都将一无是处。

□ 心急吃不了热豆腐

说起健康方面的话题，体质因人而异，也受遗传因素的影响，有的人无论怎么控制也还是高胆固醇、高血糖。然而有的人每天晚上一轮接一轮地喝酒，却依然健康。这就是体质和遗传导致的差异。

　　金钱又如何呢？一个人的消费方式、理财方式会因为他拥有的金钱多少而发生变化，性格也会产生很大影响。虽然我说要有风险偏好，但是因为性格不同，有愿意冒险的人，也有不怎么愿意冒险的人。

　　重要的是要用适合自己的方法运用资产。同样，要用适合自己体质的方法管理健康。还有，只做能够轻松坚持的事情，不要勉强自己，强扭的瓜不甜。注重自身的感受也很重要不是吗？感觉不舒服时，一定是哪里出了问题；感觉良好时，即便再忙也觉得无所谓；等等。我们是动物，本能地受感觉驱使。

　　资产运用也是如此。市场走向好像不太对劲啊——像我这样长期关注市场行情的人，在无意间就能感知到。

　　然而大家希望的似乎都是：快速变得健康，快速挣钱。所以相关的各种书籍都很畅销。但是按照书上的说法去做后，大家真的变得健康了吗？大家真的变成富翁了吗？才没有这等好事！我认为最重要的是知道每个人都有差异，不论在金钱方面还是在健康方面都拥有适合自己的哲学理论。

□ 走楼梯、喜欢的食物吃七分饱、每日泡澡

　　退休前后，我开始用三种方式保持健康。

　　首先，在车站走楼梯。我从大概五年前开始坚持，现在体检

表上的各种数值都有了相当大的改善。只是利用上下班的时间走楼梯，这是任何人，就算没钱、没时间也可以做到的保持健康的方法。

其次，喜欢的食物吃七分饱。常言道吃八分饱，但是对于退休后的人来说，还是再少吃一点儿更好。

最后，泡澡，可以消除压力。顺便说一句，我基本不喝酒。原本我就不会喝酒，因为我的体质不适合饮酒。

我认为面对上了年纪这件事，既不需悲观也不需乐观。虽然没有"辉煌的晚年"，但是也不会有"黑暗的未来"。时光荏苒，外表与内在都会逐渐退化，然而我们除了接受别无他法。过分抗衰老也挺吓人的，还是适可而止吧。就这样既不悲观也不乐观地、实事求是地前行吧。

当然，最重要的是不要勉强自己。不论是在饮食方面还是在运动方面，勉强的结果都是无法长久坚持的，甚至可能导致恶化。我真切地体会到，这一点与金钱也是同样的道理。

那么，接下来就交给专家井户女士吧！

医疗 + 护理的开销

井户美枝

□ 专家对所需金额的意见也有分歧

晚年必备的费用中，其实最难一概而论的金额就是医疗费和护理费。因为根据医疗和护理的性质、服务程度不同，所需金额也会产生很大差异。

即使是很了解护理的理财规划师，也会给出跨越幅度很大的"护理必备金额"，甚至有的人给定的**目标是每人300万~400万日元**。我认为将医疗费和护理费加起来，粗略地按照每人800万日元的标准预估的话，直到去世前应该可以得到差不多的护理服务。

实际上，生命保险文化中心于2015年以接受过护理服务的人为对象进行了调查，并得到一组调查数据。数据显示，平均一个人的护理费用为550万日元左右。护理时长平均为4年11个月，平均每个月8万日元护理费，住宅改建等临时费用平均为80万日元。

另外，某著名人寿保险公司的调查显示，平均每个月的护理费用为11万日元左右。值得注意的是，调查数据中占比最高的金额为每个月不到5万日元，约占32%，而每个月花费15万日元以上的数据也约占31%。初期费用平均约为85万日元，所以很多护理时间长达五年的家庭总花费约为1000万日元。

当然，并不是所有人都会经历护理，也有人不会患上重大疾病。重点是不要任由不安滋长，要认清它的真面目。接下来，让我们从护理需要多少金额出发，逐个解惑。

□ 女人的一生中会经历三次护理

我向来认为，照顾人说白了就是为女性准备的，因为女性一生中可能会经历三次护理。

首先，第一次护理是护理父母。有数据显示，80岁到85岁的人中约有三成的人，85岁到89岁的人中约超过六成的人需要护理或帮助[1]。结婚之后，在一共有四位老人的前提下，碰上一位老人需要护理的情况很正常吧。顺便说一句，我曾经照顾过婆婆

---

[1] 生命保险文化中心根据厚生劳动省与总务厅两者于2015年（平成27年）的调查数据整理得出。

和母亲两个人。

其次，女性人生中的第二次护理是给丈夫。但是男性需要护理的概率要比女性低，因为大多数男性在需要护理前就去世了。

最后，第三次是给自己。但是到那个时候，就没有给"我"护理的人了。丈夫先去世的可能性很大，即使有儿女，很多人也不想麻烦他们。能依靠的还是钱。女性，一定要提前计算好自己晚年生病、护理时需要多少资金。

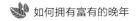

护理需要花费多少钱?

Q 护理时长是?

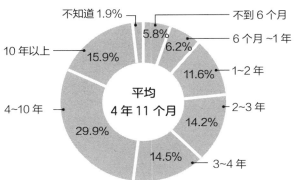

不知道 1.9%
不到 6 个月 5.8%
6 个月 ~1 年 6.2%
1~2 年 11.6%
2~3 年 14.2%
3~4 年 14.5%
4~10 年 29.9%
10 年以上 15.9%

平均
4 年 11 个月

Q 护理费用是多少?

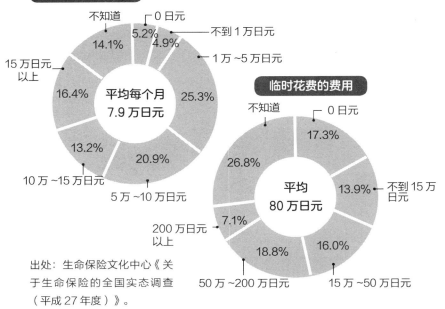

每个月花费的费用

不知道 14.1%
0 日元 5.2%
不到 1 万日元 4.9%
1 万 ~5 万日元 25.3%
5 万 ~10 万日元 20.9%
10 万 ~15 万日元 13.2%
15 万日元以上 16.4%

平均每个月
7.9 万日元

临时花费的费用

不知道 26.8%
0 日元 17.3%
不到 15 万日元 13.9%
15 万 ~50 万日元 16.0%
50 万 ~200 万日元 18.8%
200 万日元以上 7.1%

平均
80 万日元

出处：生命保险文化中心《关于生命保险的全国实态调查（平成 27 年度）》。

□ 要提前安排好由兄弟姐妹一起分担护理父母的任务

　　护理父母，是突然从某一天开始的。父母突然倒下住院，变得生活不能自理，就这样开始了需要护理的生活。近来允许住院的时间变短了，甚至还有尚未痊愈就被迫出院的情况发生。

　　关于护理父母一事，有兄弟姐妹的人最好还是事先商定好如何建立护理体系，如何分担职能。至于**护理的费用呢，除去父母完全没有养老金收入及储蓄的特殊情况，还是使用父母自己的钱吧**。关于这一点，也请事先与父母和兄弟姐妹达成一致。如今人类的寿命更长了，**如果为父母掏出不知何时才是头的护理费，最后只会变成削减用在自己身上的护理费**。

　　因此，请确认父母到底有多少资产。如果有房产，请务必事先大概商量一下——谁继承并使用房产？要卖掉吗？物品如何处理？这是一个很难开口的话题，但是不提前说明白的话，等到父母需要护理时兄弟姐妹的关系就很容易变质。恰巧某个时机从父母那得到了一些零花钱也会被人在背后说闲话，招来怀疑和不满。有时，护理父母甚至会发展成家庭矛盾。

□ 不要为了护理而辞掉工作

当今时代，有75岁以上的父母的人中，每4个人就有1个人正在做着护理工作。如今，**每年有10万人因为护理而离职。其中大多数为女性。**例如父母住在偏远的地方又没人照顾，而自己快50岁了或者已经50多岁快要退休了，于是很容易产生这样的想法——辞掉工作专心照顾老人也挺好的……但是，绝对不可以辞掉工作。辞掉工作不但会影响自己的晚年，而且请反思一下，为父母辞掉工作真的是父母想要的结果吗？我曾经以理财规划师的身份和正在护理父母的客户探讨过相关话题。为了护理而24小时和父母待在一起，似乎很多时候会导致亲子关系向不太好的方向发展。所以关于**护理父母这件事，还是尽可能在父母的资产范围内，尽可能地满足父母的需求吧。还有就是要调整自己，达到可以一边工作一边耐心护理的状态。**

□ 护理丈夫时也可能成为老老相护

接下来护理的是丈夫。如前文所述，男性需要护理的概率比女性低，因为大多数男性在需要护理前就去世了。虽然概率低，但是一旦丈夫需要护理，费用该怎么办呢？虽然有夫妇一起积攒的资金，但是**如果为护理丈夫花费过多，等到自己需要护理时资金就不够用了**。所以，一定要事先冷静地计算清楚花到多少为止。清楚和不清楚护理具体需要多少费用会导致出现偏差。

丈夫需要护理了，这说明自己也老了，最终变成两个老人互相照顾的可能性很高。身体自然也变得沉重了，管理资金的同时，不要自己一个人承包护理，考虑一下找人帮忙吧。需要护理时首先可以咨询各市、町、村的地方综合支援中心。不但可以找具备护理专业知识的员工进行免费咨询，还可以得到必要的信息。

最后，第三次护理是护理自己。一直以来为了护理家人而全力以赴的女性，到最后只剩自己一个人的时候，却没有人来照顾了。即使有孩子，孩子也有自己的人生、自己的家庭。自己也不想麻烦他们。该怎么办呢？首先，我先介绍一下关于护理费用的重点，希望大家提前了解一下。

□ 需要自己承担的护理费，每个月上限为 3 万 7200 日元

护理的费用并不需要自己全额承担。65岁以上的人需要护理或者帮助时，只要得到市、区、町、村的认定，**便只需自己承担一两成护理费用**（根据收入不同而不同，见第99页的图表）。

不仅如此，制度还规定，如果个人承担的这一两成费用超出了限额，将返还超出部分的资金。这叫作高额护理服务费。虽然限额根据收入不同而不同，但是一般情况下都是每个月3万7200日元。不管用护理保险报销了多少金额，都不需要自己承担比这更多的费用。流程是先垫付再提交申请，多支付的金额便会返还回来。有了上限，就会放心许多呢。

但是今后，仅养老金的年收入就达到383万日元以上的单身人士，很可能需要自己承担三成的护理费用。收入与在职一代人相同的退休人士，已经开始承担三成医疗费了，所以厚生劳动省正在研究对护理费做同样处理。

但是，还是会有超额的部分。如前文所述，调查显示护理费用平均每个月为8万日元。利用护理保险的话每个月需要自己承担的金额为3万7200日元，也就是说除此之外还要花费大约4万日元。例如在家护理的话，伙食费、水费、电费和煤气费等日常生活费并不包括在护理费用里，入住私立收费的养老院的话，还要另外缴纳房租、管理费等。

实际上，**决定护理费用是多是少的最大因素是最后生活的场所**。临终之处选在哪里呢？要在收费的养老院迎来人生的最后一刻吗？有些专为高龄老人准备的机构，可以在健康时就入住并且可以一直住到人生的最后一刻。但是入住这些机构时的一次性收费就高达数千万日元，而且每个月的费用也要数十万日元，上不封顶。

自己承担 1~2 成护理费用

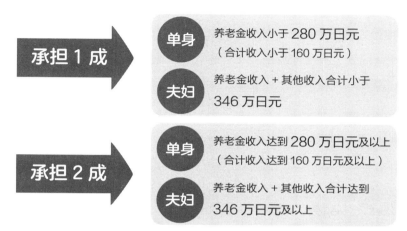

* 承担 1 成还是 2 成根据收入多少而定

* 合计收入金额为从收入中减去公共养老金扣除、经费等基础扣除费用后的金额

●自己承担的护理费有上限

自己承担的护理服务费超过一定数额后，超出的部分将被返还。原则是 65 岁以上。

*1 从 2017 年 8 月 1 日开始，同一家庭里所有 65 岁以上的老人都是由自己承担一成的情况下，每年的上限额为 44 万 6400 日元。

*2 独居并且年收入在 383 万日元以上；两人家庭年收入在 520 万日元以上时的大致金额。

———————————

① 课税，在日本，国家或地方公共团体为筹措国费、公费而向个人和法人征收税金。

　　退休后可以用退休金坐豪华游轮旅游，也可以用退休金换辆新车，或者完成各种各样的梦想。但是在那之前，**请先考虑一下自己人生的最后一个住处——临终之所在哪里**。如果不这样做，便无法决定什么时候应该花多少钱，又应该留多少钱。护理机构的费用因地域不同会产生很大差价，大概金额请参考下页表格。

　　可以度过临终时光的护理机构分为大型的公立机构与私立机构两种。特殊护理养老院等公立护理机构在入住时不需要缴纳一次性费用，并且每个月的费用大概在8万~15万日元，在自己的养老金基础上添一点儿钱就够了。因此有很多人希望入住，导致入住这种机构要么有达到护理等级3级以上之类的附加条件，要么因为申请者太多很难入住。而入住私立的收费养老院当然就是靠钱了。即使有护理保险，从入住到临终，需要自己承担的总金额也可能多达1500万日元到3000万日元。

　　假设收费养老院的一次性收费为1000万日元，包括伙食费、护理服务费在内的使用费为每个月15万日元左右。

可以一直生活到临终前的护理机构

公立机构

	一次性收费	每个月使用费	特征
特殊护理养老院	0日元	8万~15万日元	收费低，可以生活到临终。可能需要排队1年以上才能入住
护理疗养型老年保健机构	0日元	8万~15万日元	全部是可以应对重度护理的机构

私立机构

	一次性收费	每个月使用费	特征
护理型收费养老院	0~数千万日元	13万~50万日元左右	可以接收从需要护理到临终时期的老人。根据设施的设备和服务不同，使用费的金额差距较大。有全款预付费、部分预付费、月付等形式

* 金额是估算值。因护理认定等级、地域、机构等因素存在差异。

在第1章中我们讲解过，即使丈夫过世后妻子可以领取遗属养老金，她每个月的养老金也只有15万日元左右（以丈夫是公司职员，妻子是全职主妇的样板家庭为例）。如果用金融资产去贴补资金不足的部分，又不得不担忧是自己的命先没，还是钱先没。

如果在自己家生活到最后，我认为医疗费和护理费加起来有800万日元左右就够用了。顺便说一句，我想在自己家迎接人生的最后一刻。虽然护理机构的卧室都是一间一间独立的，但是大多数护理设施在吃饭、洗澡等时候还是必须配合团体行动的。我从小就不擅长团体生活，上小学对我来说都是痛苦的，哈哈，上了年纪以后行动也不利索了，这时候再加入团体生活对我来说压力太大。

□ 70 岁以下和 70 岁以上的医疗费变化

医疗费同护理费一样很难预估费用。虽说如此，只要是在公共医疗保险报销范围内的医治，需要自己承担的费用都是有上限的。从小学生到70岁老人，只需要自己承担三成医疗费。根据高额疗养费制度，若这三成医疗费超出了限额，还会返还超出的部分。限额根据收入情况分为五个等级，对于普通收入的人来说，即使一个月花费了100万日元的医疗费，自己也只需承担不到9万日元的医疗费。

70岁以后，需要自己承担的医疗费会变得更少。普通收入的情况下，门诊限额为每个月1万2000日元，门诊与住院合计一个月超出4万4400万日元时，超出的部分会以高额疗养费的名义返还。

但是今后，**优待高龄者的制度会持续做出调整**。从2017年8月开始，年收入少于370万日元的人，门诊限额将从1万2000日元变为1万4000日元，从2018年8月开始门诊限额将上升到1万8000日元。以家庭为单位，门诊与住院合计上限金额将从4万4400日元上升到5万7600日元（2017年8月开始）。每年上限为14万4000日元。

步入老龄后，一边接受治疗一边接受护理的情况会越来越多。为了不过于增加家庭经济负担，大概从十年前开始，《高额医疗、高额护理合计疗养费制度》便规定医疗费与护理费合计超出一定数额后将返还超出的资金。由于计算规则复杂，这里不作说明，如有需要，请至市、区、町、村的各个咨询窗口咨询。

所以，不管是医疗费还是护理费，只要在公共保险范围内都设有上限额。虽然"高额疗养费制度"是强有力的后盾，但是实际上每个月提交申请的人却很少。如前文所述，对于普通收入的人来说，即使做手术每个月需要100万日元医疗费，也只需自己承担大约9万日元，但是反过来说，在公共保险范围内需要每个月100万日元医疗费的情况也只有做手术了。实际上，达不到返还高额疗养费的条件，**连续每个月都支出不到8万日元医疗费的情况更多。**

□ 晚年的医疗由金钱决定?

近年来，治疗癌症等疾病的新药发展迅速，医疗费也因此产生了巨大的变化。

2016年4月，国家对医疗保险进行了修改。大家都知道先进医疗吧，就是未被列入健康保险范围内的治疗方法。未被列入健康保险范围的原因是数据较少，或者费用过高。而且国家规定禁止混合治疗。即使仅有一部分治疗不在健康保险范围内，健康保险也会对所有的医治行为不予报销。但是也有特例，在先进医疗的情况下，由个人承担技术费全额，但是诊断、检查等常规医疗行为可以使用健康保险。

修改以后的医疗保险范围更广，同时完善了《患者疗养申请书》的流程。新版本的医疗保险规定先进医疗以医生为中心。而《患者疗养申请书》由患者提交，即患者可以一边同医生商谈一边做出决定。在不久的将来，也许患者就也可以选择那些由于数据不完善、价格昂贵等原因未被健康保险认可的新药品、新的治疗方法了。也就是说，以后将由个人决定在健康方面花多少钱，有没有钱也将决定每个人的治疗方法不同。你是否希望自己能活到那个时候？在医疗上要花多少钱？这些都是老后必须直视的问题。如果打算接受这种治疗，必须事先在为晚年准备的费用中追加大量的医疗费。

需要自己承担的高龄者医疗费用有增长趋势

● 患者承担医疗费的比例

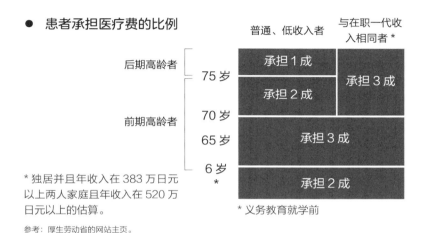

* 独居并且年收入在 383 万日元以上两人家庭且年收入在 520 万日元以上的估算。

参考：厚生劳动省的网站主页。

● 医疗费超出限额后，超出的部分将被返还

70 岁以上的高额疗养费制度（单位：月）

收入差别	一个月个人承担上限额	
	门诊（单位：个人）	住院 + 门诊（单位：家庭）
普通 （年收入少于 370 万日元）	1 万 2000 日元 * 从 2017 年 8 月开始是 1 万 4000 日元，2018 年 8 月开始上升到 1 万 8000 日元	4 万 4400 日元 * 从 2017 年 8 月开始是 5 万 7600 日元
与在职一代相同者 （年收入在 370 万日元以上，月收入在 28 万日元以上）	4 万 4400 日元 * 从 2017 年 8 月开始上升到 5 万 7600 日元。2018 年 8 月以后作废	8 万 100 日元 +（医疗费总额 − 26 万 7000 日元）×1% * 从 2017 年 8 月开始年收入在 370 万 ~770 万日元之间为 8 万 1000 日元，770 万 ~1160 万日元之间为 16 万 7400 日元，1160 万日元以上为 25 万 2600 日元
低收入（居民税非课税的人） （1）总收入金额为 0	8000 日元	2 万 4600 日元
（2）（1）以外的人		1 万 5000 日元

105

　　我想，大家已经通过表格了解到：即使治疗全程都在保险范围内，需要个人承担的医疗费、护理服务费的上限额也会因个人收入不同而不同，收入与在职一代人相同的人限额更高。**请做好下述心理准备：退休后收入更高的人，个人所需承担的费用也更多。**而且还会从养老金收入中扣除税费、社会保险费等。在2000年护理保险出台时，全国65岁以上（第1号参保者）的老人平均每个月仅需缴纳2900日元左右的保险费，如今已上升到5500日元左右，今后保险费也可能继续上涨。

退休男 × 退休女会话③
护理父母时学到的，围绕金钱的"断舍离"

★　千辛万苦地整理父母的金融账户

问：二位应该都已经具备护理父母的经验了吧！那之后，是不是也开始为自己老后生病、护理做准备了呢？

井户：由于工作的原因，我有许多金融机构的账户。几年前我被诊断出疑似癌症，于是我开始整理账户并大量销户。因为在母亲入住收费养老院的那个时候，原则上来说非本人是不可以进行金融机构的销户的，代办手续的人需要准备大量文件，非常辛苦。所以我筛选出需要保留的金融机构，将文件简单易懂地分类整理出来，然后对儿子说，如果我发生意外，就打开这份文件，你就全明白了。父亲做完癌症手术2~3个月就去世了，那时我还在工作，用手机办理各种机构销户需要户口本复印件之类的文件，也非常麻烦。我经常整理仪容，也是因为给父亲和母亲过世整理时非常不便，从而得出的经验。我不想让儿子整理遗体，并不是因为有什么秘密，只是不想被人看见而已，而且我认为提前收拾好更好。最后的检查结果是我很健康，但是我已经做好随时死去也不会感到羞耻的准备了。我已经大彻大悟。但是这种人一定能活到90岁呢，一定，哈哈。

大江：井户女士说的是很重要的事情呢。经常听说有孩子想提前掌握父母的资产，于是向父母提起此事，然而得到的回答很可能是"你在盘算我的财产吗"之类的，于是话题很难再继续下去。我感觉如果以护理为切入点去打听这件事是不是会容易许多。例如可以对父母说：听说护理费和医疗费加起来需要800万日元呢。于是他们很可能回答说："这点钱还是有的"。像这样半开玩笑地说出来，话题是不是会进行得更顺利些呢？"我们可以代办护理的各种手续，还可以负责看护，但是需要钱的东西自己准备哦"，还是这样说清楚更好呢。

★ 聪明熟练地使用护理保险

问：有没有什么建议送给那些担心今后护理父母的人？

井户：一旦察觉到父母的状态和平常稍有不同，就立即前往各社区的咨询窗口"地方综合支援中心"进行咨询。只要申请认定护理保险中的护理等级并得到认定后，护理支援人员便会来家里制定合适的护理计划了。

我的母亲入住的是收费的养老院，但是有两件事情处理得不太好。第一件事是申请认定护理等级的时候有些晚了，导致母亲的幻觉更加严重。如果早些察觉到母亲的异样，我想当时是可以通过在家护理预防老年痴呆的。第二件事听起来像个笑话。母亲入住收费的养老院后，我想让母亲回家的时候方便些就给老家安了斜坡道，心想反正护理保险能报销大约20万日元改造费。但是母亲直接入住养老院后就没怎么回过家，因此不能支取改造费。在这方面，身为专家的我也失算了。从这件事我得到的经验是，关于护理服务的事情，还是尽早向地区综合支援中心或护理支援人员进行咨询最好。

★　从最重要的事情开始"断舍离"

问：除了要知道如何处理资金和护理问题，个人物品如何处理？

大江：投资教育家冈本和久与作家林望共同写作的《使用金钱的王道》中有这样一段有趣的文字。林先生说："60岁以后请不要储蓄而是减蓄。"减蓄听起来不太习惯，就是说要放手松开那些重要的事物。减蓄的时候不是先处理掉不需要的事物，而是先处理掉自己最重要的事物，临死之前自己的周围不留下任何事物，全都是无关紧要的东西，如此这般便可没有留恋地死去了。作为文学家的林先生拥有许多有价值的书。他说在工作需要时他会留着这些书，但是之后便会传给那些可以有效利用这些书的后辈或者徒弟们了。我对此深有同感。

　　我是甲壳虫乐队的粉丝，收藏有大约300张唱片——可不是CD哦！我还有甲壳虫乐队来日本举办武道馆演唱会时的门票和宣传册……其中不乏价值不菲，甚至可以拿去拍卖的东西。但是我的家人并不了解这些东西的价值，没准儿等我死后就拿去BOOKOFF^①卖掉了，哈哈。那还不如在我活着的时候把它们交给懂得其价值、能够珍惜它们的人呢。

　　井户：对我来说，最重要的东西应该就是那些放进橙色箱子里的"爱马仕"包包了吧……哈哈。

---

① BOOKOFF，日本最大的二手书连锁店。

为护理父母做的准备

● 像这样整理父母的护理进度!

① **父母住院**

父母突然病倒住院,住院后腿脚和腰部变得虚弱,很难再生活自理,从此需要护理的情况也很多。

② **出院前,在医院里商量好今后的对策**

最近可以住院的时间变短了。如果感觉病人出院后需要很长的时间才能恢复自理,可以着手准备整理护理事项了。

③ **找地方综合支援中心咨询**

如果觉得可能需要护理了,首先可以找地方综合支援中心进行咨询。各市、区、町、村都有分布,可以向父母住处的自治体进行咨询。不但可以找具备护理专业知识的员工进行免费咨询,还可以得到必要的信息。

④ **申请认定护理保险中的护理等级**

向市、区、町、村申请认定护理等级后,进行认定的工作人员将前往父母的住宅或者医院进行拜访取证,并委托主治医师做成意见书。父母的申请书中可能有填写不当的地方,所以要到现场进行认定调查。

⑤ **得到市、区、町、村的护理等级认定**

申请后 30 日以内,便可得到市、区、町、村的护理等级认定结果通知。

⑥ **与护理支援人员签订合同,委托做成护理计划**

护理认定等级为 1~5 级的话,可以在地方综合支援中心拿到护理支援人员所属的事务所清单,与护理支援人员取得联络,邀请能力符合的护理支援人员前往父母家,能谈拢就签合同,并委托做成护理计划。

⑦ **定期确认护理形势**

* 摘自《日经 WOMAN》(日经 BP 社)2016 年 12 月号刊。

本章小结

● 健康与金钱很相似

 1. 两者对于人类来说都是非常重要的东西

 2. 很多人为了得到它们不懈地努力着

 3. 本来两者只是手段而已，却常常变成了目标

● 女人的一生中会经历三次护理

 1. 护理父母，护理丈夫，最后是护理自己

 2. 医疗和护理，每个人需要800万日元

 3. 为了护理自己，应预留出资金

● 事先决定好要在医疗和护理上花费多少钱

 1. 在公共医疗保险与护理保险范围内需要个人承担的金额是有上限的

 2. 只要有钱就可以接受最尖端治疗的时代

 3. 在护理设施生活到临终的话需要1500万~3000万日元

● **为护理父母和护理自己做好准备**

　　1. 事先整理好与钱相关的事物

　　2. 父母的状态和平时稍有不同，应立即去自治体窗口进行咨询

　　3. 越是重要的事物越要先放手

第4章

应该从45岁开始规划

在职期间的大人物更容易成为"暴怒老人"

大江英树

□ 任性是老年人的宿命？！

最近，杂志等媒体经常报道有关老年人胡闹的事件。偷盗、跟踪狂、突然暴怒……实际上，偶尔就能看到因为电车稍微晚点就和车站工作人员吵起来的老人。当今，几乎每三名小偷中就有一人是65岁以上的老人[①]。事实上，上了年纪的人容易发怒、变得自私是必然发生的事情。专攻老年精神学的精神科医生在杂志访谈中说，造成这种现象的原因是脑前额叶机能降低，并不是这个人的本质不好。

年轻的时候被恶言相向还能忍受，但是老了以后就变得很难克制自己的情绪，容易勃然大怒。而且老人对挑战新事物不感兴趣，更喜欢依赖经验行事。

---

① 数据来源：根据警察厅"平成 26 年（2014 年）、平成 27 年（2015 年）犯罪形势"。

在职期间地位高的人更需要特别注意。在公司威望较高的管理层或者部长等人大多听不进去别人说话，也听不进去意见。唯我独尊的态度，命令式的口吻，轻视女性，讨厌体力劳动——当然招人烦了。

据说多读书、多倾听，维持学习能力是控制易怒的最重要的方法。和朋友、家人交流也是有效的办法。在这一章，我们将为大家介绍为了过上幸福的退休生活，大家应该从45岁左右开始准备的事情。

□ 公司职员与个体经营者应准备的事情是不同的

本书反复指出，60岁开始感到不安的原因有三个：健康、金钱和孤独。但是，它们孰轻孰重是根据工作方式决定的。

首先是健康。不管是什么职业的人，健康都是最重要的，没有人对此有异议吧？

那么剩下的两个——孤独和金钱——你更担心哪一个呢？**公司职员的话，比起金钱更担心孤独吧**。只要准备妥当，晚年的资金问题并不容易严重到不可收拾的局面。反倒如"前言"所述，离开公司这个环境后，能做的事和能聊天的对象都会消失，所以更应该预防孤独。

但是个体经营者和自由职业者可以自己决定引退的时间。70

岁也好80岁也罢，只要健康，就可以继续工作，只要工作，就不会陷入孤独。但是在金钱方面，个体经营者和自由职业者不像公司职员有福利养老金，所以他们的公共养老金很少，而且个体经营者和自由职业者没有退休金和企业养老金，所以他们必须自己准备资金。**个体经营者和自由职业者必须在工作期间为自己的晚年筹备出比公司职员多的资金。**一旦懈怠，老后的生活可能会很悲惨。

接下来，将向大家说明从40~50岁开始，公司职员和个体经营者分别应该为晚年提前准备些什么。

公司职员和个体经营者有不同的"优先排序"

□ 公司职员最需解决的问题是孤独

公司职员应该提前为晚年准备四件事情：第一件事是开拓人脉；第二件事是重视交流；第三件事是生活中养成不浪费的习惯；第四件事是注意身体健康。

为什么开拓人脉很重要呢？有两个原因——离开公司后仍然与其他人有联系的话就不会陷入孤独；而且，如果想转行或者创业的话，人脉是最重要的事物。但是实际上，公司职员离开公司后，人脉就全部作废了。

我自己也亲身经历过。因为我在身为公司职员的最后十年里从事个人型定额缴款养老金（iDeCo）①的工作，所以退休后希望自己能开创投资教育事业。在经历了半年返聘生涯后的独立前夕，我通知了当时所有的交易对象："今后，我要自己创办投资教育了，请多关照。"大家都回答说"那太好了，一定惠顾"，但是到了今天也没有人委托过一件业务，哈哈。以一名公司职员的身份举着公司的旗帜获得的人脉也就只能是这个程度了。

---

① 个人型定额缴款养老金（Individual-Type Defined Contribution, 简称 iDeCo）是以日本国家养老金基金联合会为主体实施的制度，由参与者自行向联合会缴纳缴费金，由联合会与金融机构签订契约，设计产品，并提供给参与者做选择，最后再由金融机构进行管理。

　　所以，在公司外面结交牢固的人脉很重要。当然，这并不是一件容易的事情。即使参加那种常见的"商业交流会"也没有任何帮助，还不如积极地去参加那些不以商业为目的的聚会或会议。

　　我呢，因为想以养老金和投资领域为主体开展工作，所以非常积极地去参加个人投资者为了学习投资而举办的信息交流会，以及处理企业养老金事务的部门同事们的聚会。在这些场合进行交谈时，自然而然就有人询问我了："你能为我做这样的事情吗？"我如今的事业能发展起来，多亏了在这些场合里认识的人。

公司职员应该做的四件事

1 开拓人脉

2 重视交流

3 生活中养成不浪费的习惯

4 注意身体健康

□ "储蓄人"比"储蓄钱"更重要

第二件事是重视交流，这和开拓人脉是同一道理。

退休后，为了不陷入孤独的状态，应该如何与朋友和家人相处呢？有人说**"奉献是出发点，要给予他们些什么"**，也经常有人说**"两分付出一分收获"**。不求回报的付出，一定会在某处得到回报。如果想结交可靠的朋友，也是同样的道理。首先是付出，要先学会奉献。

刚才也说过了，世界上有那么多的商业交流会，可是一点儿用处都没有。因为聚集在一起的都是只想索取的人，他们只想推销自己的商品或服务。

如果在那种地方不断给予，到最后只会一无所有。不如换一种方式，比如去参加普通的聚餐，或者相同爱好者的集会。在这样的场合中抛开利益关系、缔造友谊，自然会诞生出"给你介绍个人吧"之类的机会。与我之前说的一样，这也是我从自己的亲身经历中得出的感悟。特别是45岁之后，我希望尽量结交公司外部的朋友。

虽然常听人说要投资自己，但是我却认为**不要过分地投资自己**。我的建议是，如果有投资自己的钱，不如拿去帮助别人。为什么呢？因为帮助别人的钱会变成储蓄在别人那里的"存款"。虽

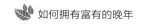

然不能立即提款，但是总有一天会以某种形式返还回来的。

□ 夫妇二人没有相同的爱好也没关系

关于家人之间的关系，我认为父母、兄弟、孩子都是有着血缘关系的外人，而夫妇是一同走过人生战场，今后也很可能一起继续走下去的战友。虽然常有人说老年夫妇要有共同的兴趣爱好，但是我认为没有也没关系。还是更珍惜自己的兴趣爱好吧，两个人各有各的兴趣爱好也挺好。

虽然两个人有一个共同的兴趣爱好更为理想，但是没有也完全不影响什么。**一个人独处的时间也很重要。**孤独和独处是两回事儿。我认为不管是对男性还是女性来说，尊敬对方，保持恰到好处的距离，不过于干涉对方的世界——这都是和伴侣长久相处下去的诀窍。

对于有孩子的人，为了和孩子保持良好的关系，我建议你们可以成为奶爸和奶妈。退休后的时间非常充裕，所以如果有了孙子，请主动包揽照顾孩子的任务。我也因为女儿上班而担当着奶爸的角色。我认为这是被社会容纳，不陷入孤独，不变成惹人烦的老人的方法之一。

到此为止的两点建议主要是针对公司职员的，第三点"生活中养成不浪费的习惯"和第四点"注意身体健康"是公司职员和个体经营者共同的问题，所以稍后再说。

□ 个体经营者最大的问题是积蓄

　　个体经营者和自由职业者在40~50多岁时应该准备的事情有以下四件。第一件事是预备好晚年的资金，第二件事是重视社会保险，第三件事是养成不浪费的习惯，第四件事是注意身体健康。其中，第三件事和第四件事和公司职员是一样的。对于个体经营者来说，最重要的是前两件事。

　　如前文所述，**与公司职员相比，个体经营者和自由职业者步入晚年后的收入相对较少。**因为他们没有福利养老金，也没有企业养老金和退休金，所以必须自己想办法预备资金。我认识一位朋友，他隶属于NPO团体[①]，专门负责帮助低保人士脱离贫困。他说，落魄到申请低保的老年人大多原来是个体经营者。

　　我认为，对于个体经营者和自由职业者来说，**筹备晚年资金最好的方法就是参加个人型定额缴款养老金（iDeCo）。**60岁以前都可以参保，但是最吸引人的还是关于减免所得税的这项内容——从缴纳的保险费中扣除的全部所得税，都将通过年末调

[①] NPO 团体：公益性非营利组织。

整①或确定申报②返还回来。个体经营者的保险费上限是每年81万6000日元。此外，60岁以前不可提取资金也是优点之一。也有人担心万一有事用钱又取不出来怎么办，但是这是专为60岁以后准备的资金，还是放在取不出来的地方更好。

个体经营者的话，最好同时加入**小型企业共济制度**。简单来说，就是国家为个体经营者制定的退休金制度。每个月需缴纳的费用从1000日元到7万日元不等。

小型企业共济制度与个人型定额缴款养老金具有相同的优势，即也可以减轻税金，不同点是60岁以后也可以加入小型企业共济制度，大家完全可以考虑一下如何灵活运用。

相反，**不推荐大家购买的是人寿保险公司或银行出售的个人养老保险产品。**收益高的时候可以，但是如果在现在这样非常低迷的时候购买，收益就会长时间固定低迷，而且一旦中途解约的话，大部分情况下都会损伤本金。

还有必须注意那些轻而易举就能赢利的投资。虽然大家都说应该从存款转向投资，但是其实投不投资都可以。不投资的话，最后会变得落魄吗？并不会。**有人因为投资失败而选择死亡，但是没有人因为没投资选择去死。**所以还是不要受观念驱使，强迫自己投资了吧。

---

① 年末调整：日本实行所得税预扣制度，因此要在年末纳税人全年收入明确后进行多退少补的调整。

② 确定申报：纳税人自己计算本年度收入并进行纳税申报。

个体经营者应该做的四件事

1 预备出晚年的资金

2 重视社会保险

3 生活中养成不浪费的习惯

4 注意身体健康

□ 不花国民养老金是你的损失!

希望个体经营者和自由职业者从40~50多岁开始提前准备的第二件事是**按时缴纳社会保险费**。公司职员的养老保险是预先从工资中扣除的, 所以不得不支付。但是个体经营者是自己缴纳养老保险的。据报道称, 未缴纳养老保险率高达四成。这不是说全日本有四成人民未缴纳养老保险, 而是说1号参保者 (个体经营者) 已缴纳养老保险的月数只占应缴纳月数的六成。意思是, 虽然不是说有四成人一分钱都没交, 但是个体经营者中有一定比例的人没交保险费却是事实。

但是, **个体经营者不缴纳养老保险很明显会让自己蒙受损失**。

因为只要缴纳够规定年数的保险费, 就可以领取养老金。领取的金额有一半是由国家承担的。国家承担的意思就是指用税金支付。即使是不缴纳养老保险的人也是要交税的吧, 但是如果没有缴纳养老保险的话, 连1日元养老金都拿不到, 也就是说, 这些人自己交的税金都白白浪费了。

这世界上竟然有不缴纳国民养老保险却去缴纳人寿保险公司的个人养老保险的人, 真是不可思议。这么做的人, 快停下来吧。

个体经营者更要重视社会保险

★ 与公司职员相比，
  个体经营者的公共养老金较少

★ 与公司职员不同，
  个体经营者需自己缴纳养老保险

★ 不交养老保险是自己的"损失"

缴纳养老保险的情况　　　　不缴纳养老保险的情况

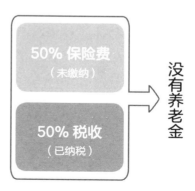

□ 无用的保险和贷款是晚年家庭收支的敌人

对于公司职员和个体经营者来说，重要的第三件事都是"养成不浪费的习惯"，第四件事都是"注意身体健康"。

在第1章，我讲解了为了削减退休后的生活费，我抛弃了什么事物。我想特别强调一下：**不要购买多余的保险和不要随便贷款**。在日本，一个家庭每年的人寿保险费为38万日元，即每年要花费将近40万日元购买生命保险。连续缴纳30年的话就是将近1200万日元。也许，将这笔钱存起来的收益会更高一些。我认为，只需保留最小额度的必要保险，其余的钱拿去储蓄或投资才是更合理更方便的。

贷款也是一样的道理。贷款就是借钱，用了别人的钱就要给人利息。而利息也是一种费用，贷款获得的收益能不能大于费用，有没有回报才是合理的判断基准。企业贷款的原因很容易理解。企业借钱投资设备，是因为设备能带来比利息更多的收益。

但是**如果从付出与回报的角度来考虑个人贷款的话，其实是很难得到比付出多很多的回报的**。至于房屋贷款，回报是"放心地在自己家度过长期舒适的生活"，如果这符合自己的人生价值观，我认为贷款也无妨。但是旅游、买车等什么事情都使用贷款的话，就会浪费许多资金，所以还是注意一下吧。

第四件事是"注意身体健康"。浏览脸书等社交平台时，我发现有的人每天晚上都去参加酒会，但是我一点儿都不羡慕。喝得太多吃得太多都不好，应该注意节制。还有那些极端型养生法还是算了吧。

这世上没有只要这么做就一定能健康的方法，也没有只要这么做就一定能挣钱的理财方法。对于投资这件事，也有人认为只要不做短期投资，而是利用投资信托做长期、国际分散的投资就可以万无一失，其实未必如此。

没有人能预测未来发生什么，所以**相信投资"绝对安全"是很危险的**。

说到底，请不要忘记，最重要的事情是自己思考、自己决定。

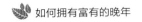

中年离婚会使夫妻双方都成为"贫穷的老年人"

井户美枝

□ 即使被返聘，临近 70 岁时存款还是零？

　　请看下一页的"从45岁到退休后的资金流动表"。假设示例中的家庭丈夫45岁，妻子40岁，并且有两个孩子，分别为10岁和5岁。丈夫的年净收入为485万日元，妻子是全职主妇，家庭现有存款为1500万日元，在丈夫45岁时购买房屋，房屋贷款为2500万日元（分25年还清）。两个孩子到高中为止读的都是公立学校，大学都是私立大学文科专业。丈夫60岁退休时可以一次性得到退休金，退休金金额按照目前大型企业的标准2150万日元计算。丈夫退休后被返聘五年，年收入为350万日元——我想上述案例是现实中比较常见的家庭概况。到目前为止，这看起来似乎并没有什么问题。

工作到 65 岁还是"贫穷的老年人"
这是为什么？

● 公司职员的平均家庭收支走向

* 模拟数据

家庭结构	丈夫（45 岁的公司职员）妻子（40 岁的全职主妇）长子（10 岁）次子（5 岁）		
净收入	485 万日元（40 岁开始）➡ 510 万日元（50 岁开始）➡ 350 万日元（60~65 岁）		
养老金	220 万日元（丈夫） 80 万日元（妻子）	房屋贷款	2500 万日元（2016 年时价）

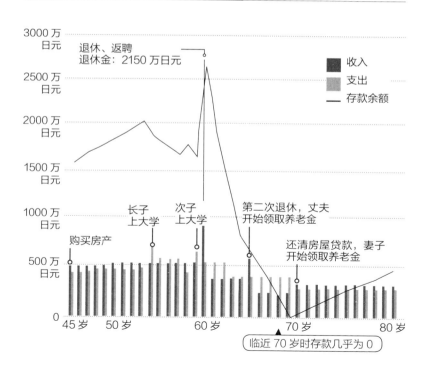

但是看看存款余额的走向图就会发现，60岁到65岁的区间内存款急剧减少，到69时就几乎为零了。

为什么会变成这样呢？虽然我们设定的是随着年龄增加年收入也会增加，但是孩子上学等方面的支出也会增多。从55岁开始两个孩子都成为大学生以后，支出会连年超过收入。60岁到65岁期间虽然有返聘的收入，但是偿还房贷、支付学费的负担沉重地压迫着家庭财务。这种紧张的状态会一直持续到丈夫69岁、妻子64岁的时候，这也是为什么存款几乎变成了零。

等到妻子65岁也开始领取养老金，一个家庭有两份养老金收入后家庭经济状况才能有所好转。但是在上述案例中，并不包括游玩、意外生病、事故等情况的费用在内。所以即使年收入还算乐观，有存款又能领取养老金，并且被返聘继续工作，也不能无忧无虑。为什么会变成这样呢？**因为无法减少比收入还多的支出。**

□ 退休后，每个月的家庭收支有大约 5 万日元的赤字

我作咨询时也经常遇到这样的案例，年收入高的家庭生活水平也高，即使老了以后也没能减少多少支出。与在职期间的年收入相比，养老金的收入少了许多，所以**最好是从50岁左右开始精简家庭支出**。但是这很难办到。在第2章中我曾提到过，有许多来找我咨询的家庭，他们退休后的家庭收支情况为每年有100万~150

万日元的赤字。那么普遍的情况又是什么样的呢？

总务省[1]对无职高龄夫妇家庭（两人以上的家庭，并且户主为60岁以上的无工作者）的经济状况进行了调查（平成27年[2]）。请看第137页的图表。两人家庭实际收入约为21万日元，扣除税费、社会保险费后的到手金额约为18万日元，而相对应的支出却大约有24万日元，也就是说每个月大约有6万日元的资金缺口。但是退休后的家庭收支是赤字还是盈余还是要看家庭的。首先请确认自己在"养老金定期通知书"上的养老金金额。夫妻二人合计有多少养老金？如果感觉资金不够的话，如何弥补？是变卖家产，还是工作？在本书的第1章~第2章已建议大家提前为此做好打算。

查看137页图表中支出的详细内容就会发现，住房的花费只占全体支出的7.2%。也就是说这里的收支示例是以还完房贷为前提的。如果还有贷款没有还完的话，家庭的经济情况将更为严峻。虽然目前的房贷利息较低，还有房贷减税并返还税金的制度，考虑到退休后的生活，在在职期间贷款买房或者修缮房屋也是一个不错的选择，但是还是请慎重考虑。大江先生在前面也写到要思考一下为贷款支付的利息是否能换来与其对等的利益。

---

① 总务省: 日本主管有关国民经济及社会生活基础的国家基本体系的中央行政机构。

② 平成27年，即2015年。

□ 丈夫先过世将导致妻子的收入减半

那么，独居家庭的收支状况又如何呢？总务省也对无职高龄单身家庭（60岁以上的单身无工作家庭）的经济状况进行了调查，让我们一起再看看他们的情况吧。独居家庭一个月的支出为14万日元左右，约为两人家庭的一半，收入约为12万日元，扣除税费、社会保险费后的到手金额约为10万日元，比支出少4万日元。

当两人家庭变成一人家庭时，养老金的收入会减少多少？我试着推算了几种情况，希望大家提前记在脑子里。

首先，是身为公司职员的丈夫先去世，留下身为全职主妇的妻子的情况。为男同胞们感到遗憾的是男性的寿命不如女性的长，所以这是最常见的情况。如果丈夫先去世，丈夫的老龄福利养老金的75%会以遗属福利养老金的形式添加到妻子自己的老龄基础养老金中。相反如果是身为全职主妇的妻子先去世，丈夫只能领取自己的养老金，不能领取妻子的遗属养老金。

其次，是夫妇二人同为公司职员，并一直工作的情况。夫妇二人都满额领取自己的老龄福利养老金，并且对方的老龄福利养老金的75%比自己的满额养老金还多时，不管是哪方先去世，都可以以遗属福利养老金的形式领取其中差额。所以无论是哪方先去世，与夫妇二人一起生活时相比，养老金都减少了一半左右。

无职高龄夫妇家庭的经济状况 *

<·············· 实际收入 21 万 3379 日元 ··········>

| 扣除社会保险费后 **19 万 4874 日元** 91.3% | 其他 8.7% | 比支出少 6 万 2326 日元 |

<······ 到手金额 18 万 1537 日元 ······>

<··············· 消费支出 24 万 3864 日元 ···········>

| 非消费支出 | 伙食费 25.6% | 住宿费 7.2% | 电费煤气费水费 8.4% | | 医疗保健 6.3% | 交通、通信 11.2% | 学习、娱乐 10.7% | 24.3% | 社交费 12.5% |

非消费支出
（税费、社会保险费）
3 万 1842 日元

家具、居家用品 3.5%

衣服鞋子 2.9%

其他消费支出

出处：平成 27 年总务省家庭经济状况调查。

* 截止到 2015 年。

137

在夫妇二人都是个体经营者或自由职业者的前提下，如果是丈夫先去世的话，妻子可以一次性领取丈夫的死亡津贴或者寡妇养老金（只在60~65岁的时候有效）。如果是妻子先去世的话，丈夫可以一次性领取12万~32万日元妻子的死亡津贴。不能像公司职员一样领取遗属养老金，真艰难啊！

□ 预计离婚时的财产分配方式是一人一半

人生，不知道会发生什么事情。即使结婚也可能又突然离婚。**直截了当地说，大多数情况下，离婚后的妻子和丈夫都会变成贫穷的老年人。让我们一起看看如何分配财产与养老金吧！**

离婚后，预计双方都能分配到结婚期间共同积累的财产的一半。如果双方都工作，有各自的账户，原则上是加在一起后平分。如果怀疑对方有隐藏账户，就调查一下吧。贷款会从中扣除，但是擅自借取的资金除外。起诉有效期为两年。

因单方责任导致离婚的情况，预计能得到多少精神损失费呢？这取决于结婚时间的长短及责任大小。结婚时间越短精神损失费越少。

即使结婚20年以上，中等责任的精神损失费也只不过800万日元。实际上，大多数案例都在300万日元左右。

□ 离婚时基本拿不到养老金

离婚的话，养老金怎么办呢？可能有人觉得，根据养老金分配制度，即便离婚女方也能拿到丈夫的一部分养老金，所以不用担心。但事实却是，女方根本拿不到多少养老金，因为可以分配的只有福利养老金这一小部分。如果丈夫是个体经营者，则妻子连1日元都拿不到。

如果丈夫是公司职员或者公务员的话，妻子最多能拿到结婚期间缴纳的福利养老金的一半。最多一半是什么概念呢？如果是养老金3号参保者，即全职主妇的话，则一定能拿到一半养老金，被称作强制分配。例如结婚30年的夫妻，在这期间缴纳的福利养老金为10万日元，一半即为5万日元，折合一个月顶多5万~6万日元。对于全职主妇来说，加上自己不到7万日元的老龄基础养老金也不过10多万日元。

但是，如若妻子在结婚期间也工作了，成了公司职员，则是将两人养老金中的工资比例部分[①]（福利养老金）加在一起，在双方同意的前提下分配一半给妻子。如果妻子的收入比丈夫还多，就变成将养老金转让（分配）给丈夫了。

---

① 老龄福利养老金由定额部分和工资比例部分两部分组成，工资比例部分的金额取决于工资多少和加入时间长短，因此叫工资比例部分。

比如我是个体经营者，也是养老金1号参保者。我的丈夫曾经是名公务员。如果我想离婚并得到丈夫的养老金的话，最多只能得到50%，而且需要双方谈判决定。我由于工作原因经常出差不怎么在家，如果丈夫追究我的责任，说我没有尽到作为家人的义务，并且我承认情况属实，那么我可能只能拿到30%的养老金。当然，我并没有离婚的打算，只是给大家举个例子而已。

□ 四五十岁女性应该提前做的事情

这么一看，最好还是夫妇恩爱，并且女方也能独立工作呢。如今，大概有687万个家庭的女方是全职主妇[①]。换句话说，通过全职主妇也参加工作来改善家庭的经济状况是可行的。现今，需要缴纳的健康保险、护理保险、养老金保险的金额不断上涨，而工资却在紧缩，所以希望夫妇二人能通过共同工作来渡过"退休后"这个难关。

单身女性也请以60岁以后继续工作为前提，从40多岁开始着手准备各项工作吧。就像大江先生写的那样，从在职期间开始结交朋友非常有用——这一点对于女性来说也是一样的。一个人的力量太微不足道了，但是两个人、三个人……许多人聚集在一起协力工作才构成了当今社会。而且在发生交通事故或者生病等紧要关头，有没有朋友，将导致大不相同的情况。

---

① 数据来源：根据平成 26 年〔2014 年〕总务省调查劳动力的结果。

养老金分配

● **只有结婚期间缴纳的养老金可以分配，最多分配 50%**

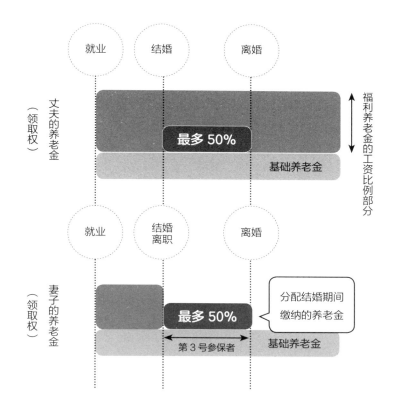

注：身为公司职员的妻子在结婚的同时离职成为家庭主妇，或者妻子在结婚期间
加入了福利养老金，在上述两种情况下都是将丈夫和妻子的工资比例部分的养老
金加在一起再分配。

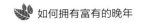

退休男 × 退休女会话④
教你如何富足地度过漫长的晚年生活

★ 晚年的时光还是很长的

问：我重新思考了一下晚年的时光很长这件事。据推测，到了2050年，每4名男性中就有1人能活到93岁，每4名女性中就有1人能活到98岁（出自国立社会保障人口问题研究所）。看来，女性必须按照自己能活到100岁左右来做打算吧？

井户：令人担心的是健康寿命（可以生活自理的最大年龄）与寿命的差，即不健康的时间。当今女性的差值约为12年，但是这段时间恐怕会不断延长。

问：对策应该还是能多一点是一点——提前积累晚年的资金吧？关于这一点，我还是对推迟开始领取养老金的时间能增加养老金这件事感兴趣。

井户：最晚可以推迟到70岁开始领取养老金，每推迟一个月，每个月可以领取的养老金便增加0.7%，推迟一年就是增加

8.4%。所以如果推迟五年到70岁才开始领取养老金的话，每个月可以领取的养老金金额便可以增加42%。如此一来便可以抵消每个月的亏损了。但是为了弥补这五年没有养老金的资金空缺，也要做好工作到70岁或者变卖家产之类的打算。

问：从养老金的总金额来看，要活到多少岁，推迟领取养老金才能比正常情况领取更多的钱呢？

井户：推迟到66岁开始领取养老金的话，要到77岁才能追平正常的从65岁开始领取养老金的总额，推迟到70岁的话是81岁，以此类推。只有活得比这长久，推迟领取养老金才合算。

问：也有人说万一在推迟期间养老金的财政恶化，到头来领不到养老金了怎么办。

大江：庆应大学的权文善一老师很了解养老金，他曾经在书中写道，国民养老金制度于1961年落实时，男性的平均寿命为65岁。也就是说，当时的人们从60岁开始领取养老金，刚领取五年便走到人生的终点了。

原本，国家是为了让人民能够安然度过人生的最后几年才制定的养老金制度。虽然现在开始领取养老金的年龄推迟到了65岁，但是国民的平均寿命已经超过了80岁，所以国家的养老金财政状况变得严峻也是理所当然的事情。因此，推迟退休年龄，延长缴纳养老金保险的年限，推迟开始领取养老金的年龄——这些都是极为合理的做法。据说，如果一直工作到70岁，并且这期间继续缴纳福利养老金的保险费，同时全民都从70岁开始领取养老金的话，所得代替率将高达86%左右（即开始领取养老金时，养老金的数额能达到在职一代人的平均净收入的86%）。

从前60岁的人和现在70岁的人相比，是不是现在70岁的人看起来更健康些呢？大家一起努力建造可以工作到70岁的环境和制度，能工作的人就继续工作，并且从70岁开始领取养老金，而身体不好不能继续工作的人就由国家出手相助，这样可好？

也有增加老龄养老金的方法

推迟开始领取养老金的时间（延后），每次可以领取的金额便会增加。下表的数据为，在从 65 岁开始领取养老金的前提下，假设每年能够领取的金额为 100 后，从 65 岁开始能够领取的总金额。例如，65~77 岁能够领取的总金额为 100×13 年，合计 1300。

开始领取养老金的年龄	65 岁 ~	66 岁 ~	67 岁 ~	68 岁 ~	69 岁 ~	70 岁 ~
领取率（将从 65 岁开始领取养老金的情况设为 100 后，每次可以领取的养老金金额）	100	108.4	116.8	125.2	133.6	142.0
活到此年龄时能够领取的养老金总额 77 岁	1300	1300.8	1284.8	1252.0	1202.4	1136.0
78 岁	1400	1409.2	1401.6	1377.2	1336.0	1278.0
79 岁	1500	1517.6	1518.4	1502.4	1469.6	1420.0
80 岁	1600	1626.0	1635.2	1627.6	1603.2	1562.0
81 岁	1700	1734.4	1752.0	1752.8	1736.8	1704.0

活到多大岁数推迟领取养老金才能领取更多的钱呢？灰色部分是推迟领取养老金的总额比从 65 岁开始领取养老金的总额多的部分

ex. 从 66 岁开始领取 ➡ 77 岁以后
从 70 岁开始领取 ➡ 81 岁以后

* 老龄基础养老金。推迟开始领取的时间后，平均每年增加 8.4%（平均每个月增加 0.7%）。

★ 莫要乖僻、莫要胆怯、莫要扯后腿

问：如此看来，最重要的事情还是继续工作到70岁啊！而且，公司外部的人脉和朋友也是不可或缺的。但是，听起来很难实现吧？

大江：重要的是要努力。朋友是不会自然而然地出现的，因为不经营自己的话，魅力就渐渐消失了。没错吧？皮肤出现色斑，还很松弛。老了以后，可没人愿意和这样的老头子来往啊。所以，不努力是不行的。

那么努力是指什么呢？就是说要给对方点好处，帮点忙——多少无所谓，或者照顾对方。总之要成为多管闲事的大叔大妈。自己在家每天都是粗茶淡饭也可以，但是要请年轻人吃大餐；自己要思考如何运用资金，如何努力，否则是交不到朋友的。不要天真地以为交朋友是件容易的事情。

井户：其实我不怎么出席聚会之类的场合。我不会喝酒，也不喜欢人多吵嚷的地方，更不擅长迎合别人。而且我必须晚上十点钟睡觉，所以几乎不参加晚上的应酬。

需要注意的有三个"莫要"，"莫要乖僻、莫要胆怯、莫要扯后腿"。在这个行业里，像我一样既是社会保险劳务专员又是理财规划师的人要多少有多少，年轻人更是层出不穷。也就是说，其他人正在做着我想做的工作。但是，不可以因此变得乖僻，话说回来，也不可以因此胆怯，心想年纪大了还是放弃吧。然后，最

不可以做的事情就是说人坏话，扯人后腿。不要因为自己不行，就认为对方也不行。我认为交朋友最重要的就是三个"莫要"，也可以理解成不要和别人做比较吧。

问：大江先生退休后华丽地转身成了经济专栏作家。

大江：我现在是靠写字和讲演吃饭，但是在最开始的半年里，我一份工作都没有，可能那时候我的讲演和文章都没有什么价值吧，所以有大概一年的时间，我的讲演和文章都是免费的。即便如此，我还是尽我所能提供高质量的成品，于是有一天，我终于得到了"那么，下一期也交给你了"这样的回复。努力不仅可以结交朋友，当机遇来临，还可以为事业提供最好的自己。我认为必须有这样的觉悟——这次不尽全力，就没有下次了。

问：经常听说那些现在排着长队的名店最开始的时候也是门可罗雀的。是不是不在那时涅槃就只能在那时腐朽了？

大江：如果一起工作并且付钱的那方对你的工作并不完全满意，那么就没有下次机会了。实际上，我在最开始独立的时候，要花费大概120个小时去准备2个小时的免费讲演。

问：哦，真了不起。井户女士说的"莫要乖僻、莫要胆怯、莫要扯后腿"也令我十分受教。公司职员过了50岁，基本上就能看到人生终点的样子了，但是却不得不一边想着要将机会让给年轻人，一边又努力确保着自己的立足之地。这样的内心争斗，真

147

是一场硬仗。

井户：我是名个体经营者，有时候，每年确定申告时都来委托工作的客户突然就不来了。但是，虽然这扇门关上了，还会有另一扇窗户打开。我就一直这样工作，没有注意过年龄的问题，但是我会注意的是：即使自己的年龄比对方的负责人大，我也不会用口语或者表现得傲慢。不管对方是谁，我都会用"礼貌用语"。我绝对不会倚老卖老。

★ 大江先生和井户女士的家庭是如何运用晚年资金的？

问：40~50多岁的人该如何对待投资呢？

大江：关于这一点，我认为最重要的是看个人的"风险承受能力"。投资之后，如果价格稍有下跌便紧张得不得了，是会影响生活的。所以首先要弄清楚自己能够承受多大的损失，即风险承受能力。基本上资产越多的人能够承受的损失也越多，但是性格影响也很大。我做了一份利用资产余额和风险偏好测试风险承受能力的测试题，请大家测试一下（第150页）。如果风险承受能力较低，请不要选择投资，还是利用定期存款增值吧。

问：您的意思是，不管是利用投资信托进行储蓄型投资，还是选择长期投资都可能会亏损，是吗？

大江：资金的运用方法有许多种，但是最安全的还是利用投资信托，分散购买全世界的股票或债券。不要一次性投入大量金额，而是要一点一点地投入资金。需要注意的是，不要完全信任任何金融机构。因为所有的企业都是以自己的利益最大化为前提行动的，这是无可厚非的事情。总之不要对对方的劝说深信不疑。在投资和资产运用方面，要经常保持怀疑的态度，这是很重要的事情。我经常在自己的研讨会上对大家说："不要相信我的话哦！"因为我说的只是我的见解，我认为正确的事情不代表对你来说也一定是正确的。

问：大江先生和井户女士自己都选择了什么样的投资方式呢？

大江：我的投资方式主要是购买个人股和活期存款。我也持有投资信托，但是金额不大。我讨厌把钱交给别人管理。虽然我并不擅长投资，但是我就是喜欢自己思考如何投资，所以比起投资信托，我总是更加关心个人股。因为我觉得思考选择哪个品种的股票是一件很有趣的事情。

井户：我为生病的情况，或者成年礼、婚礼、葬礼、祭祀等重大时刻存了一定金额的活期存款，还买了面向个人发行的国债（十年期限）。另外还买了一点个人股和投资信托。投资信托选择的是NISA①类型。当我购入股票或者投资信托时就"不把它当钱了"。所以我不会因为价格上涨或下跌而忽喜忽悲。如果价格下跌

---

① NISA，少额投资非课税制度的缩略语，即通过股票、投资信托等途径获得的收益和分红不用缴纳课税的制度。

判定你的风险承受能力！

"风险承受能力"检测题

资产余额 **+** 风险偏好 **=** 风险承受能力

↓ ↓ 通过核对表

在相符的内容前打钩

存款不少于一年的生活费

在45~60多岁期间，应该为晚年生活制定出资金方面的计划。盲目关注投资不如先考虑储蓄足够的资金，然后再拿出为了维持将来的购买力才准备的钱进行风险投资，这样才是明智的。

- 抽签抽到下签心里总是很在意
- 担心和别人不一样
- 不挣钱也没关系，但是千万别亏损
- 感情总是起伏跌宕
- 容易被他人的意见左右
- 基于信念行事的类型
- 不擅长听取与自己思维方式不同的人的意见
- 一有心事就睡不着觉
- 急性子，总是着急要成果
- 赛马连续押错的话，终场就会选择大冷门
- 属于容易后悔的类型
- 不喜欢做没有尝试过的事情

测试只能说明倾向而已——符合的内容越多，风险偏好越低（风险承受能力越低）

时我需要钱，我也会卖掉。目前为止让我损失最大的投资是购买电力公司的股票。但是我仍然坚定地认为只要努力工作就可以了。

★ 为什么说个人型定额缴款养老金最好

问：人气很高的个人型定额缴款养老金（iDeCo）又如何呢？这是国家支持的积攒晚年财富的制度，二位也说这是最强的储蓄方式。但是个人型定额缴款养老金必须在60岁之前购买，如果已经超过45岁，就参加不了多少时间了，又该如何利用它呢？

井户：在如何积攒晚年资金的方面，iDeCo是最好的选择。我说过，从今往后，能够领取的公共养老金的金额必然会减少。而iDeCo正是为了弥补公共养老金不足的部分而自行缴纳、运用的养老金。

大江：可谓是"自己的养老金"。从2017年1月开始，之前不可以参加iDeCo的全职主妇和公务员等人员也可以参加了，几乎全部年满20周岁并且未满60周岁的人都可以参加（仍有一部分人不可以参加，请参照第152页）。

井户：iDeCo最厉害的地方是有三种情况税费做特殊处理——缴纳保费的时候、投资的时候和领取的时候。首先是缴费的时候，缴纳的金额不计入收入，所以所得税和居民税都会变少。其次是投资的时候，通常投资得到的收益要缴纳大约20%的课税，而iDeCo不需要。最后是60岁以后领取养老金的时候，iDeCo属于公

个人型定额缴款养老金的上限是多少？

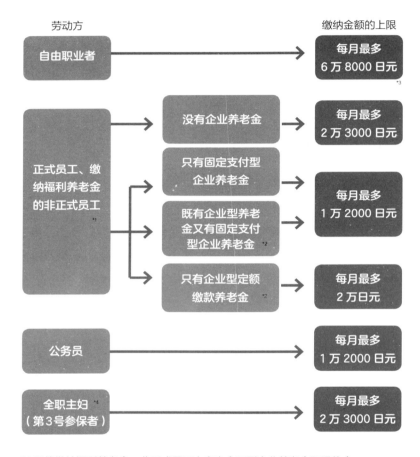

*1 即使缴纳福利养老金，非正式员工大多也拿不到企业养老金和退休金。

*2 参加 iDeCo 需要公司出示企业型定额缴款养老金的变更规章（注明不进行协调醵资，员工可以参加个人型定额缴款养老金，并下调企业型醵资的额度）。

*3 自由职业者等人员缴纳的醵资金要与国民基础养老金的保费加在一起。

*4 不缴纳所得税的人也不享受所得税专项附加扣除。

共养老金等不计税收的范畴。为了晚年的生活，如果你在考虑购买投资信托或者参加养老保险，不妨从iDeCo开始入门。iDeCo每个月至少缴纳5000日元，它的核心是持续不断的积累。缴费的上限额根据个人的工作方式及公司的制度有所不同。请看图表。

问：虽然iDeCo的缴费有上限，但是，是不是按最高限额缴纳更好呢？

井户：缴纳的金额少，手续费的比例就会变高，好不容易利用一次iDeCo还是缴纳到最高限额更好吧。但是，第1号参保者——个体经营者加入iDeCo的前提是必须缴纳国民养老金的保险费。个体经营者每个月缴纳iDeCo的最高限额为6万8000日元，但是个体经营者的工作收入较为波动，要考虑好能不能持续缴纳这些费用。虽然每年可以减少一次缴费额度，甚至可以降到0，但是账户管理手续费是不可以中断的。

问：必须自己决定在哪个银行或者证券公司开户，选择什么样的产品和预存多少钱吧？请告诉我们重点看什么？

大江：加入iDeCo必须开设专用账户。金融机构不同，开设、管理账户的手续费也不同，而且投资信托的产品种类也不相同，请仔细对比。iDeCo可以利用的金融产品有存款、保险、投资信托三种，但是难得的是通过iDeCo获得的收益不收课税，所以建议大家选择投资信托。iDeCo的投资信托产品中可能包含分散投资所必备的国内外股票、指数基金等投资方式，所以请大家注意对比各个公司在运用投资时需要花费多少手续费（信托报酬）。此外，可否随意利用网站、电话服务中心的态度等事项也很重要。

问：iDeCo只可以缴纳到60岁。现在45~50岁左右的人应该选择什么样的产品呢？年龄不同应该选择的产品有什么区别吗？

大江：我认为选择什么样的产品和年龄无关，和这个人拥有多少金融资产，以及他的风险承受能力有关。

井户：把iDeCo当成股票中心的投资信托，用确保安全的方式增值其他账户的资金，或者只关注资产整体的盈亏平衡就好了。

大江：虽然60岁以后不能继续投入费用，但是可以继续利用iDeCo。而且在60~70岁之间开始提取iDeCo积攒的养老金也是一个很好的选择。领取的时间和方式要结合个人对避税的看法，根据个人的公共养老金、退休金等方面的情况做慎重考虑。当今在职的一代人大多将从65岁开始领取公共养老金，即60岁退休以后有五年的时间没有养老金可领，所以在60~65岁之间以养老金的形式提取iDeCo也是一个好方法。

本章小结

- 公司职员应该提前准备的四件事

  1. 开拓人脉

  2. 重视交流

  3. 生活中养成不浪费的习惯

  4. 注意身体健康

- 个体经营者、自由职业者应该提前准备的四件事

  1. 预备出晚年的资金

  2. 重视社会保险

  3. 生活中养成不浪费的习惯

  4. 注意身体健康

- 为退休后的人际关系做准备

  1. 投资自己的钱不如拿去帮助朋友

  2. 夫妻应保持恰到好处的距离

● 为退休后的家庭收支做准备

  1. 在职期间收入高也不可以大手大脚地花钱

  2. 只剩妻子一个人时养老金减半

  3. 离婚的话夫妇都将成为贫穷的老年人

  4.灵活利用个人型定额缴款养老金（iDeCo）

后　记

　　人生的目标究竟是什么呢？是健康地活着，成为富翁，还是在社会上有所作为？虽然答案因人而异，但是我认为人生的目标是"变得幸福"。无论是健康、金钱，还是充实的工作，都不过是大家为了变得幸福而使用的手段而已。

　　这世上有许多书在讲述如何将这些事情做好。有讲如何赚钱的书，有讲如何变得更健康的书，还有讲如何工作更顺利的书。但是，本书没有讲上述任何一项。可以说，为了让您思考——对于自己来说今后的"幸福"是什么，如何才能得到自己的幸福——才将和井户女士的谈话总结成这本书的。

　　答案因人而异，而且能够找到答案的只有你自己。如果这本书能够帮助你度过幸福的后半生，不管能起到多大的作用，都是我的荣幸。最后，感谢您读完本书。

大江英树

"出生在日本，是人生的幸运。"去印度旅行时，当地的居民对我们几个人说。我当时却怀疑："真的是这样吗?"然而随着年龄的增长，我真切地感受到了这句话的正确性，继而越发地相信了。出生在日本的幸运，既是出生在没有战争的和平社会的幸运，也是出生在通过努力劳动就能得到相应回报的社会的幸运。不仅如此，我认为只要你愿意，甚至"可以体验两次人生"。日本是世界第一的长寿国家，正如"前言"中说到的，无论是男性还是女性，日本人的平均寿命大约是90年前的1.5倍。在后半生，也许可以更接近在前半生未能实现的梦想，成为自己想要成为的人。从40~50多岁开始准备的话，在"第二次"人生中成功的概率会更高。不管年龄几许，都有机会过"有趣的人生"。

我边祈祷着能度过没有遗憾的快乐人生边总结了这本书。祝愿大家都能过上更加幸福的人生。

井户美枝

感　谢

　　本书是根据井户美枝、大江英树二位在2016年1月至10月期间举办的6场关于"退休男×退休女"合作研讨会上的内容进行润色修订而成。借举办合作研讨会的机会，我们拜托日经BP社日经WOMAN编辑长安原由佳丽、日本经济新闻社[①]编辑委员铃木亮、Saison投资信托社长中野晴启、日经CNB制片人直居敦，以及日经BP社日经BP Visionary经营研究所首席研究员森田聪子等人，并进行了质疑问答。此外，久留米大学商学部教授塚崎公义、日本经济新闻社编辑委员田村正两位作为特别嘉宾进行了登台演讲。借此，向上述各位表示深深的谢意。同时，向来参加6场研讨会的各位表示深深的谢意。

井户美枝　　大江英树

---

① 日本经济新闻社：即日本经济报社。